Mehrjährige Erfahrungen mit konservierender Bodenbearbeitung und Bestellung

Dissertation

zur Erlangung des akademischen Grades

doctor rerum agriculturarum
(Dr. rer. agr.)

eingereicht an der
Landwirtschaftlich-Gärtnerischen Fakultät
Der Humboldt-Universität zu Berlin

von

MBA, Dipl. Ing. agr. (FH) Birte Reckleben
geb. am 25.10.1977 in Neumünster

Präsident der Humboldt-Universität zu Berlin
Prof. Dr. Christoph Markschies

Dekan der Landwirtschaftlich-Gärtnerischen Fakultät
Prof. Dr. Dr. h. c. Otto Kaufmann

Gutachter/Gutachterinnen:
1. Prof. Dr. Ruprecht Herbst
2. PD. Dr. Hans-Heinrich Voßhenrich
3. Prof. Dr. Jürgen Hahn

Tag der mündlichen Prüfung: 02.11.2007

Reckleben, Birte: Mehrjährige Erfahrungen mit konservierender Bodenbearbeitung und Bestellung – 1. Auflage, Rendsburg im Dezember 2007

Die Vervielfältigung und Übertragung einzelner Textabschnitte, Zeichnungen oder Bilder, auch für den Zweck der Unterrichtsgestaltung, gestattet das Urheberrecht nur, wenn sie mit dem RKL vorher vereinbart wurden. Im Einzelfall muss über die Zahlung einer Gebühr für die Nutzung fremden geistigen Eigentums entschieden werden. Das gilt für die Vervielfältigung durch alle Verfahren, scannen der Abbildungen, einschließlich Speicherung, Veränderung; Manipulation im Computer und jede Übertragung auf Papier, Transparente, Filme, Bänder, Platten und andere Medien.

2007   RKL e.K., Rationalisierungs-Kuratorium für Landwirtschaft
        Am Kamp 13
        24768 Rendsburg
        Telefon: (04331) 84 79 40
        Telefax: (04331) 84 79 50
        E-mail: mail@rkl-info.de
        Internet: www.rkl-info.de

Printed in Germany: ISBN 978-3-9811920-1-8

„Indes sie forschten, röntgen, filmten, funkten,
entstand von selbst die köstliche Erfindung:
Der Umweg als die kürzeste Verbindung zwischen zwei Punkten."

Erich Kästner

Danksagung

Mein Dank gilt meinem Doktorvater, Herrn Professor Dr. Ruprecht Herbst, für seine Unterstützung und Betreuung der Arbeit sowie Anfertigung des Erstgutachtens. Des Weiteren möchte ich mich ganz herzlich bei Herrn PD Dr. Hans-Heinrich Voßhenrich für die langjährige Zusammenarbeit, seine konstruktive Unterstützung und unermüdliche Diskussionsbereitschaft während meiner Dissertationszeit bedanken. Für die Übernahme des dritten Gutachtens danke ich Herrn Professor Dr. Jürgen Hahn.

Ferner möchte ich Herrn Prof. Dr. Edmund Isensee für seine stete Diskussionsbereitschaft und langjährige Erfahrung danken.

Danken möchte ich auch der Begabtenförderung der Konrad-Adenauer-Stiftung für die materielle und ideelle Förderung während der Dissertation.

Der Stiftung Schleswig-Holsteinische Landschaft danke ich für die Finanzierung des Projektes "Kostengünstige Bestellverfahren in engen Fruchtfolgen". Für die Bereitstellung der Maschinen und Geräte danke ich der Firma Amazone.

Mein ausdrücklicher Dank gilt meinen Eltern, Herburg und Jürgen Sievers, sowie meinem Bruder Björn Sievers für die immerwährende Unterstützung und Mutzusprechung; insbesondere danke ich meinem Ehemann Yves für alles.

Inhaltsverzeichnis

1 Einleitung und Aufgabenstellung 1
2 Untersuchungsgebiet und Methoden 3
   2.1 Verfahren der Bodenbearbeitung 3
   2.2 Einfluss der Bodenstruktur und Bearbeitung 4
      2.2.1 Einflussfaktoren auf die Porenstruktur 6
      2.2.2 Strohmanagement 9
   2.3 Eignung von Böden für konservierende Bodenbearbeitung 13
   2.4 Heterogenität des Standortes 15
      2.4.1 Relief 18
      2.4.2 Reichsbodenschätzung 18
      2.4.3 Feldansprachen 19
      2.4.4 Leitfähigkeitsmessung mittels EM38 21
      2.4.5 Biomasse-Sensor 24
      2.4.6 Teilflächenspezifische Ertragsermittlung 24
   2.5 Strohverteilung und Stroheinmischung 26
   2.6 Standort Oppendorf 27
   2.7 Standort Petershof 31
   2.8 Auswertung 33

3 Ergebnisse 39
   3.1 Kartierung des Standortes Oppendorf nach Höhenlinien,
       Bodentexturkarte, EM38, Biomasse und Ertragskartierung 39
   3.2 Monitoringpunkte 46
   3.3 Teilflächenspezifische Betrachtung der Ergebnisse am Standort
       Oppendorf 48
      3.3.1 Feldaufgang auf den Teilflächen 48
      3.3.2 MD-Ertrag auf den Teilflächen 49
      3.3.3 Biomasse auf den Teilflächen 54
      3.3.4 Ertrag und Biomasse in Beziehung zur Textur nach KA4 55
      3.3.5 Ertrag und Biomasse nach EM38-Daten 58
      3.3.6 Vergleich von Textur und EM38-Daten 62
   3.4 Pflanzendichte und Ertrag an den Monitoringpunkten 63
      3.4.1 Winterweizen 1999/2000 63
      3.4.2 Wintergerste 2000/2001 64
      3.4.3 Winterraps 2001/2002 66
      3.4.4 Winterweizen 2002/2003 67
   3.5 Fazit der Ergebnisse Standort Oppendorf 68
   3.6 Ergebnisse Standort Petershof/Fehmarn 71
      3.6.1 Winterweizen 1999/2000 71
      3.6.2 Winterweizen 2000/2001 72
      3.6.3 Winterweizen 2001/2002 73
      3.6.4 Winterweizen 2002/2003 74
      3.6.5 Winterraps 1999/2000 75
      3.6.6 Winterraps 2000/2001 76
      3.6.7 Winterraps 2001/2002 77
      3.6.8 Winterraps 2002/2003 78
   3.7 Fazit der Ergebnisse Standort Petershof auf Fehmarn 79

4	Teilflächenspezifisch angepasste Bearbeitung auf dem Standort Oppendorf	85
5	Diskussion	92
6	Zusammenfassung	101
7	Summary	104
8	Literaturverzeichnis	106

Abbildungsverzeichnis

Abbildung 2-1: Systeme zur Fern- und Naherkundung im Vergleich (nach Lamp, 2003)   17

Abbildung 2-2: Korngrößendreieck bodenkundliche Kartieranleitung (KA 4)   20

Abbildung 2-3: Messprinzip EM38 (nach Durlesser 2000, geändert)   22

Abbildung 2-4: Schematische Darstellung der Ertragsdatengewinnung mit dem Kraft-/Impulsmesssysteme (Ludowicy et al., 2002, geändert)   25

Abbildung 2-5: Schwadmethode am Standort Oppendorf (Erntetermin 03.08.2003)   26

Abbildung 2-6: Künstliche Stoppel im Auffangbehälter zum Erntetermin 03.08.2003 (nach Schwarz et al., 2007)   27

Abbildung 2-7: Versuchsanlage Oppendorf mit Monitoringpunkten   29

Abbildung 2-8: Versuchsanlage Standort Petershof (nach Voßhenrich, 2003, geändert)   32

Abbildung 2-9: Grubber-Scheibeneggenkombination mit Funktionen (nach Weißbach et al., 2005)   33

Abbildung 3-1: Höhenkarte mittels GPS bei der Bodenbearbeitung gemessen des Standortes Oppendorf mit Versuchsgliedern und Monitoringpunkten (Kriging, 3*3 m Raster, zu Polygonen umgewandelt)   39

Abbildung 3-2: Höhenlinie einer Fahrspur in der Variante Konservierend aktiv   40

Abbildung 3-3: Einteilung des Standortes Oppendorf durch die Bodeninformatik Kiel von Lamp (2003) mittels Feldansprache der Textur über die Profiltiefe gewichtet dargestellt (Kriging, 3*3 m Raster)   41

Abbildung 3-4: Leitfähigkeitsmessung mittels EM38 Oppendorf am 15.03.2003 (Kriging, 3*3 m Raster)   42

Abbildung 3-5: Erträge WW 2000/2003 im östlichen Hügelland nach Bodenklasse aus Leitfähigkeitsmessung mittels EM38 (nach Reckleben, 2004)   43

Abbildung 3-6: Biomassekarte (IR/R-Index) des Standortes Oppendorf im Frühjahr 2003 gemessen (Kriging, 3*3 m Raster)   45

Abbildung 3-7: Ertragskarte Winterweizen 2002/2003 des Standortes Oppendorf (Kriging, 3*3 m Raster)   46

Abbildung 3-8: WW-Feldaufgang innerhalb der Reliefklassen 1999/2000   48

Abbildung 3-9: WW-Erträge der Varianten innerhalb der Teilflächen 1999/2000   50

Abbildung 3-10: WG-Erträge der Varianten innerhalb der Teilflächen 2000/2001   51

Abbildung 3-11: WR-Erträge der Varianten innerhalb der Teilflächen 2001/2002   52

Abbildung 3-12: WW-Erträge der Varianten innerhalb der Teilflächen 2002/2003   53

Abbildung 3-13: Biomassemessungen (IR/R-Index) bei Weizen innerhalb der Teilflächen (15.04.2003 bei EC 30/32)   55

Abbildung 3-14: WW-Erträge der Varianten innerhalb der Texturklassen 1999/2000   56

Abbildung 3-15: WR-Erträge der Varianten innerhalb der Texturklassen 2001/2002   57

Abbildung 3-16: Biomasseindex (IR/R-Index) innerhalb der Texturklassen 2002/2003   58

Abbildung 3-17: WW-Erträge der Varianten innerhalb der EM38-Klassen 1999/2000   59

Abbildung 3-18: WR-Erträge der Varianten innerhalb der EM38-Klassen 2001/2002   60

Abbildung 3-19: Biomasseindex (IR/R-Index) innerhalb der EM38-Bodenklassen (15.04.2003)   61

Abbildung 3-20: EM38-Werte innerhalb der Texturklassen   62

Abbildung 3-21: Erträge der Fruchtfolge – einzeln und kumuliert   69

Abbildung 3-22: Bestand des Weizens im Herbst nach passiver Bestelltechnik in den Versuchsjahren 1999/2000 bis 2002/2003   79

Abbildung 3-23: Bestand des Weizens im Herbst nach aktiver Bestelltechnik in den Versuchsjahren 1999/2000 bis 2002/2003   80

Abbildung 3-24: Ertrag von Weizen nach variierter Bodenbearbeitung und passiver Bestelltechnik in den Versuchsjahren 1999/2000 bis 2002/2003   81

Abbildung 3-25: Ertrag von Weizen nach variierter Bodenbearbeitung und aktiver Bestelltechnik in den Versuchsjahren 1999/2000 bis 2002/2003   82

Abbildung 3-26: Weizenerträge Standort Petershof/Fehmarn – einzeln und kumuliert   83

Abbildung 3-27: Rapserträge Standort Petershof/Fehmarn – einzeln und kumuliert   84

Abbildung 4-1: Algorithmus zur Tiefensteuerung des Grubbers (nach Sommer et al., 2004)   85

Abbildung 4-2: WR-Erträge auf den Teilflächen am Standort Oppendorf 2005 (GD: 3 dt/ha)   88

Abbildung 4-3: Variation der Flächenleistung [ha/h] bei teilflächenspezifischer Bodenbearbeitung auf zwei Teilflächen (T1 und T2) mit unterschiedlicher Arbeitstiefe (nach Reckleben et al., 2005)   89

Abbildung 4-4: Ergebnisse der teilflächenspezifischen Bodenbearbeitung (Zugkraft, Kraftstoffbedarf je Stunde und Hektar auf den beiden Teilflächen mit unterschiedlicher Bearbeitungstiefe)   90

Abbildung 4-5: Ergebnisse der teilflächenspezifischen Bodenbearbeitung (Schlupf, Flächenleistung und variable Kosten der Teilflächen mit unterschiedlicher Bearbeitungstiefe) 91

Tabellenverzeichnis

Tabelle 2-1:	Wirkungen von Stroh im Saatbett (nach Voßhenrich, 1995)	12
Tabelle 2-2:	Information und darin enthaltene Bezugsflächen im eigenen Versuch	35
Tabelle 3-1:	Messwerte zur Boden/Flächeninformation der Monitoringpunkte	47
Tabelle 3-2:	Vergleich der Variationskoeffizienten (Ertrag) nach Relief in den Versuchsjahren	54
Tabelle 3-3:	Ergebnisse Winterweizen 1999/2000 (Saatstärke: 185 Körner/m², Sorte Ritmo)	63
Tabelle 3-4:	Ergebnisse Wintergerste 2000/2001 (Saatstärke: 180 Körner/m², Sorte Theresa)	64
Tabelle 3-5:	Ergebnisse Winterraps 2001/2002 (Saatstärke: 50 Körner/m², Sorte Express)	66
Tabelle 3-6:	Ergebnisse Winterweizen 2002/2003 (Saatstärke: 190 Körner/m², Sorte Dekan)	67
Tabelle 3-7:	Vergleich der Varianten mit konservierend aktiv (=100%)	68
Tabelle 3-8:	Winterweizen 1999/2000 (Saatstärke: 230 Körner/m², Sorte Ritmo)	71
Tabelle 3-9:	Winterweizen 2000/2001 (Saatstärke: 230 Körner/m², Sorte Ritmo)	72
Tabelle 3-10:	Winterweizen 2001/2002 (Saatstärke: 250 Körner/m², Sorte Ritmo)	73
Tabelle 3-11:	Winterweizen 2002/2003 (Saatstärke: 240 Körner/m², Sorte Ritmo)	74
Tabelle 3-12:	Winterraps 1999/2000 (Saatstärke: 50 Körner/m², Sorte Express)	75
Tabelle 3-13:	Winterraps 2000/2001 (Saatstärke: 40 Körner/m², Sorte Talent)	76
Tabelle 3-14:	Winterraps 2001/2002 (Saatstärke: 40 Körner/m², Sorte Talent)	77
Tabelle 3-15:	Winterraps 2002/2003 (Saatstärke: 40 Körner/m², Sorte Talent)	78

Abkürzungsverzeichnis

AK	Arbeitskraft
BBSchG	Bundesbodenschutzgesetz
BD	Bestandesdichte
bzw.	beziehungsweise
ca.	circa
CAN	Controller Area Network
DGPS	Differenzielles Globales Positionierungssystem
d.h.	das heißt
DK	Direktkosten
EM38	Herstellerbezeichnung (Leitfähigkeitsmessgerät der Firma Geonics)
ES	Exaktstriegel
et al.	et alteri, et alii
etc.	et cetera
Fa.	Firma
FAL	Forschungsanstalt für Landwirtschaft
GD	Grenzdifferenz
GBB	Grundbodenbearbeitung
GPS	Globales Positionierungssystem
ILV	Institut für Landwirtschaftliche Verfahrenstechnik der Universität Kiel
IR/R	Infrarot zu Rot
KA4	Bodenkundliche Kartieranleitung 4. Auflage
KG	Kreiselgrubber
KTBL	Kuratorium für Technik und Bauen in der Landwirtschaft
KW	Keilringwalze
Ls	sandiger Lehm
Ls2	sandiger Lehm 2
Ls3	sandiger Lehm 3
Ls4	sandiger Lehm 4
MW	Mittelwert
N	Stickstoff
P.	Page
Pfl.	Pflanzen
PV	Porenvolumen
R^2	Bestimmtheitsmaß
RKL	Rationalisierungskuratorium für Landwirtschaft

s.	siehe
S.	Seite
sL	sandiger Lehm
Sl3	lehmiger Sand 3
Sl4	lehmiger Sand 4
Slu	schluffig lehmiger Sand
sog.	so genannt
vgl.	vergleiche
WG	Wintergerste
WR	Raps
WW	Winterweizen
z.T.	zum Teil
z.B.	zum Beispiel
VK	Variationskoeffizient
VL	Vorlockerer
ZALF	Zentrum für Agrarlandschaftsforschung

Einheiten:

s	Sekunde
ms	Millisekunde
h	Stunde
cm	Zentimeter
m	Meter
km	Kilometer
g	Gramm
dt	Dezitonne
t	Tonne
m²	Quadratmeter
ha	Hektar
mS	Milli-Siemens
ha/h	Hektar/Stunde
kN	Kilonewton
l/ha	Liter/Hektar
l/h	Liter/Stunde
€/ha	Euro/Hektar

1 Einleitung und Aufgabenstellung

Die Bodenbearbeitung ohne Pflug konnte sich bislang nur in Grenzen verbreiten. Trotz der Weiterentwicklung der Technik für Bodenbearbeitung und Bestellung in den letzten Jahrzehnten wird konsequente Bodenbearbeitung ohne Pflug nur auf wenigen Standorten realisiert. Der Verzicht auf den Pflug setzte sich am ehesten in ertragschwachen Regionen durch. Limitierend für konservierende Bodenbearbeitung sind vor allem die organischen Reste der Vorfrucht. In Hochertragsregionen mit Stroherträgen von 10 t/ha wird daher im Regelfall noch der Pflug eingesetzt.

Die Kernfrage dieser Arbeit lautet: Ist es möglich auf einem Hochertragsstandort auf den Pflugeinsatz konsequent zu verzichten und in wieweit kann die Intensität der Bodenbearbeitung und Bestellung reduziert werden?

Hierzu werden auf zwei Hochertragsstandorten in Schleswig-Holstein aufeinander abgestimmte Feldversuche unter ausschließlicher Verwendung von Praxistechnik angelegt. Auf dem heterogenen Versuchsstandort Oppendorf bei Kiel ist der Vergleich zwischen Pflug und konservierender Bodenbearbeitung mit Lockerung vorgesehen. Aufgabe ist es, die Heterogenität des Standortes zu erfassen, zu beschreiben und die mit der Mähdrescher-Ertragskartierung erhobenen Daten geografisch differenziert darzustellen und auszuwerten. Auf dem Standort Fehmarn, der homogene Bodenverhältnisse, aber Stroherträge bis 120 dt/ha aufweist, wird in Parzellenversuchen eine Intensitätssteigerung konservierender Bodenbearbeitung mit dem Spektrum von Direktsaat bis dreimaliger Bearbeitung mit dem Grubber durchgeführt. Damit sollen die heute geltenden technischen Grenzen der Bodenbearbeitung und Bestellung bei hohen Strohmassen beschrieben werden. Hier werden neben den Erträgen vor allem auch die Feldaufgänge und Bestandesdichten zur Ernte bonitiert.

Ziel dieser Arbeit ist es, die Heterogenität des Standortes Oppendorf mit verschiedenen Methoden zur kleinräumigen Standortkartierung zu beschreiben und die Auswirkungen auf die Variabilität des Ertrages zu prüfen. Dabei ist neben der Standortheterogenität auch die Intensität der Bodenbearbeitung und Saatbettbereitung ertragswirksam. Diese Einflüsse sollen mit der vorliegenden Arbeit beschrieben und ihre Wirkung auf die Stabilität des Ertrages über mehrere Jahre teilflächenspezifisch untersucht werden.

Mit den Erkenntnissen aus beiden Versuchen wird in einem abschließenden Schritt eine teilflächenspezifische Bodenbearbeitung mit wechselnden Arbeitstiefen innerhalb des Standortes Oppendorf realisiert. Die Untersuchungen auf Gut Oppendorf werden auch Fragen zu Energieverbrauch und Arbeitszeit beantworten.

2 Untersuchungsgebiet und Methoden

2.1 Verfahren der Bodenbearbeitung

Die Bodenbearbeitung umfasst ein breites Verfahrensspektrum. Zwischen der konventionellen Bestellung mit Pflug, Kreiselegge und Drillmaschine und der Direktsaat bietet die Landtechnik eine Vielzahl von Abstufungen. Eine Unterteilung der Verfahrensweisen ist nach der Intensität der Bodenbearbeitung oder nach der Kombination der Arbeitsgänge möglich. Vorgeschlagen wird, zwischen konventioneller Bodenbearbeitung (mit Pflug), konservierender Bodenbearbeitung (ohne Pflug) und Direktsaat zu unterteilen. Direktsaat wird hier als Säen ohne vorhergehende Bearbeitung des Bodens zwischen Ernte der Vorfrucht und Saat verstanden (KTBL, 1993).

Eine abnehmende Intensität der Grundbodenbearbeitung bis hin zum völligen Verzicht auf Lockerung erfordert ein zunehmendes Maß an Sorgfalt bei den Vorbereitungsarbeiten zur Saat. Dies gilt vor allem – und davon wird in den nachfolgenden Ausführungen ausgegangen – wenn das Stroh nicht abgeräumt und der Boden nicht gelockert wird (vgl. Voßhenrich, 1998).

Die konservierende Bodenbearbeitung ist gekennzeichnet vom Grubber, der je nach den gegebenen Bedingungen in Tiefe und Häufigkeit des Einsatzes angepasst werden kann. Es handelt sich um ein komplexes Anbausystem, das beispielsweise Unkrautkontrolle, Fruchtfolge oder Düngung mit umfasst. Pfluglose Bestellsysteme haben dabei den Vorteil, dass Arbeitszeit eingespart werden kann. Dem stehen allerdings pflanzenbauliche Probleme gegenüber, die ein sorgfältiges Abwägen der Vor- und Nachteile unterschiedlicher Bodenbearbeitungssysteme erforderlich macht.

2.2 Einfluss der Bodenstruktur und Bearbeitung

Jede Form der Bodenbearbeitung bedeutet nach Bosse et al. (1970), Borchert (1982), Tebrügge (1986), Wiermann und Horn (1997) einen Eingriff in das Bodengefüge, und stellt somit eine Veränderung der Wachstumsbedingungen für die Kulturpflanzen dar.

Die natürliche Gefügeentwicklung wird hauptsächlich durch die folgenden grundlegenden Prozesse beeinflusst: Quellung und Schrumpfung sowie Aktivität der Bodenfauna und Bodenflora. Die Ausprägung des durch Quellung und Schrumpfung entstehenden Gefüges hängt vom Tongehalt und der Anzahl der durchlaufenden Austrocknungs- und Wiederbefeuchtungszyklen ab. Erst bei einem Tongehalt von über 10% tritt eine sichtbare Quellung der befeuchteten Bodensubstanz ein. Eine weitere Bedeutung kommt den großen Bodentieren zu. Besonders die größeren Bodentiere legen durch ihre grabende Tätigkeit ein Sekundärporensystem an, welches die Wasserdurchlässigkeit des Bodens erhöht und die Durchwurzelung des Unterbodens erleichtert. Durch die Vermischung mineralischer und organischer Partikel im Darm der Regenwürmer kommt es zur Ausscheidung besonders stabiler traubenförmiger Aggregate, dem so genannten Wurmlosungsgefüge. Unterstützend auf die natürliche Gefügeentwicklung wirken die Pflanzenwurzeln, deren Wasseraufnahme partielle Schrumpfungsrisse hervorruft, und deren Wurzelwachstum zur Ausbildung eines stabilen Aggregatgefüges beiträgt (vgl. Wiermann und Horn, 1996, 1997). Diese Kriterien stellen die Voraussetzung für einen hohen Ertrag, für Ertragssicherheit und für eine gute Qualität dar.

Der Aufbau des natürlich entstandenen Gefüges wird durch den mechanischen Eingriff des Menschen in Form der Bodenbearbeitung gestört. Das Ausmaß und die Auswirkungen auf den Boden sind je nach Intensität des Eingriffs unterschiedlich. Die reduzierten Verfahren setzen an diesem Punkt an und wollen möglichst das natürliche Gefüge „konservieren". Zur Beurteilung des Strukturzustandes des Bodens können verschiedene Parameter wie z.B. Gefügestabilität, Porenraumgliederung und Wasserleitfähigkeit herangezogen werden.

Der Begriff der Gefügestabilität drückt nach von Boguslawski (1986) die Widerstandsfähigkeit eines Bodengefüges gegenüber Veränderungen und Beanspruchung, wie z.B. Regenschlag oder Auflast, aus. Ein Gefüge ist stabil und somit tragfähig, wenn sich die Lage der Primärteilchen bei einer Spannungsveränderung nicht gegeneinander verschiebt (vgl. Hartge, 1992). Wenn die Belastung des Bodens die Widerstandsfähigkeit des Gefüges überschreitet, kommt es zu einer Verdichtung. Die Stabilität wird vorwiegend durch den Wassergehalt und den Aggregierungsgrad des Bodens bestimmt.

Durch die wendende Grundbodenbearbeitung wird die Bodenstabilität des Oberbodens vermindert, da durch die Überlockerung ein instabiles Gefüge aus künstlichen Bodenbruchstücken entsteht. Dieses System besitzt eine sehr geringe Eigenstabilität, so dass die Gefahr der Verdichtung bei der nachfolgenden Belastung groß ist (vgl. Brunotte et al., 2005; Sommer et al., 2003; Höpler, 1991). Im Bereich des Unterbodens steigt die Festigkeit durch das Abstützen des Schlepperrades in der Pflugfurche, dabei kann es zu Verdichtungen an der Grenzschicht zwischen Ober- und Unterboden kommen. Die Ausprägung der so genannten Schlepperradsohle wird durch Schlupf- und Schmiereffekte, die beim Befahren des Bodens in zu feuchtem Zustand auftreten, verstärkt. Die sog. Pflugsohle beeinträchtigt den Aufbau eines kontinuierlichen Porensystems, das Ober- und Unterboden miteinander verbindet. Als Folge werden der Austausch von Wasser, Nährstoffen, Sauerstoff und Wärme sowie eine tiefe Durchwurzelung behindert.

Bei dem Verzicht auf eine wendende Bodenbearbeitung wird das Bodengefüge weniger tief gestört, so dass sich bereits unterhalb der Bearbeitungstiefe von ca. 10 – 20 cm, ein dauerhaftes Aggregatgefüge durch natürliche Strukturierungsprozesse ausbilden kann. Die Auswirkungen der Bodenbelastungen sind wesentlich geringer, da die Eigenstabilität des Gesamtbodens höher ist und durch das Befahren des Bodens auf der Bodenoberfläche – und nicht in der Pflugfurche – der Druck im Oberboden abgepuffert werden kann (vgl. Brunotte et al., 2005; Wolf, 1996). Der Schlepper fährt auf dem unbearbeiteten festen Boden, kann Zugkraft gut umsetzen und er kann mit bodenschonender Breit- bzw. Zwillingsbereifung ausgerüstet werden. Nach Wolf (1996) wird bei flacher Bodenbearbeitung die verdichtende Tiefenwirkung allerdings nur verlangsamt, jedoch nicht aufgehoben.

Der Verzicht auf eine wendende Bodenbearbeitung in landwirtschaftlichen Betrieben wird politisch im Rahmen der Cross Compliance durch dreijährige Förderprogramme unterstützt. Es liegt im Interesse des Landwirts und wird in Deutschland auch vom Gesetzgeber verlangt, dass Landbewirtschaftung bei der Bodennutzung Vorsorgepflicht zu erfüllen und Gefahrenabwehr zu berücksichtigen hat. Nach §17 BBodSchG gehört die Wahrung der Produktions- (Pflanzenertrag, Kosten), Regelungs- (Gasaustausch, Infiltration) und Lebensraumfunktionen (Bodenorganismen) des Bodens zu den Grundsätzen "guter fachlicher Praxis" (vgl. Brunotte, 2001).

Die Festigkeit des Bodens wird anhand des Eindringwiderstandes über die Bodentiefe gemessen. Grundsätzlich zeigt sich eine Erhöhung des Eindringwiderstandes unterhalb der Eingriffstiefe eines Bodenbearbeitungswerkzeuges. So kommt es nach Tebrügge (2000) bei der konservierenden Bearbeitung und der Pflugvariante generell in 10 cm Tiefe durch die Eingriffstiefe der Sekundärwerkzeuge zu einem sprunghaften Anstieg des Eindringwiderstandes. Bei der Pflugvariante beobachten sie einen zusätzlichen Anstieg in 25 cm Tiefe durch die Eingriffstiefe des Pfluges. Aufgrund der fehlenden Auflockerung der unbearbeiteten Bodenschichten kommt es zu einer natürlichen Dichtlagerung des Bodens. Daher führt die reduzierte Bodenbearbeitung laut Buchner und Vollmer (1984), Platzke und Lachotzke (1985) und Höpler (1991) zu einer höheren, aber gleichmäßigeren Bodendichte als die Pflugbearbeitung (vgl. auch Isensee et al., 1992).

2.2.1 Einflussfaktoren auf die Porenstruktur

Die physikalischen Bodeneigenschaften sind nicht nur vom Porenvolumen und der Porengrößenverteilung, die einer zeitabhängigen Dynamik unterliegen, sondern ebenso von der Porenform und insbesondere von der Porenkontinuität abhängig. Die Hohlräume zwischen den Sand- und Schluffteilchen bzw. den Tonplättchen werden Primärporen oder körnungsbedingte Poren genannt. Sie bestimmen insbesondere texturbedingte Eigenschaften des Bodenwasserhaushaltes. Zu der Gruppe der Sekundärporen zählen die im Vergleich zu den Primärporen gröberen Hohlräume, wie sie durch Bodenbearbeitung, durch Wurzel- und Tiergänge geschaffen und deshalb als strukturbedingte Poren angesprochen werden.

Die Festigkeit des Bodens variiert nicht nur innerhalb verschiedener Bodenschichten, sondern unterliegt auch jahreszeitlichen Schwankungen. Hier ist wiederum die Pflugvariante den stärksten Schwankungen unterworfen. Durch die starke Überlockerung bei der wendenden Bodenbearbeitung ist die Lagerungsdichte im Herbst zunächst sehr gering. Im Laufe der Vegetationsperiode erhöht sie sich durch natürliche Setzung, Belastung sowie zunehmende Trockenheit, so dass im Sommer die maximale Dichte erreicht wird. Nach Auffassung von Tebrügge (2000) liegt der Eindringwiderstand der Pflugvariante zunächst sogar bis 30 cm Bodentiefe niedriger als bei der konservierenden Bearbeitung. Bereits im November steigt er jedoch deutlich über den Wert der pfluglosen Variante. Eine Zunahme der Lagerungsdichte eines Bodens ist mit einer Abnahme des Porenvolumens, hauptsächlich zu Lasten der luftführenden Grobporen, verbunden. Der Anteil kleiner Poren steigt dagegen an. So stellen Buchner und Vollmer (1984), Höpler (1991) und Struzina (1990, 1991) allgemein ein vermindertes Porenvolumen bei reduzierter Bodenbearbeitung fest. Durch die fehlende Bodenbearbeitung konnte sich jedoch ein durchgehendes Porensystem mit hoher drainierter Funktionalität entwickeln. Auch Tebrügge (2000) zeigt anhand von Untersuchungen, dass der Grobporenanteil einer Direktsaatvariante zwar deutlich geringer ist als der einer Pflugvariante, die Luftdurchlässigkeit jedoch bei beiden gleich hoch ist.

Dieses erklärt sich nach Ehlers (1973) durch die hohe Kontinuität und damit Funktionalität der verbundenen Grobporen der Direktsaatvariante, die sich aufgrund der Bodenruhe entwickeln konnte. Außerdem trägt die vertikale Ausrichtung zur Stabilität und damit zur Funktionalität des Porensystems bei. Zum Teil befindet sich nach Debruck (1978) und Baeumer (1986) der Anteil luftführender Poren sogar unterhalb der in der Literatur angegebenen Grenzen: Lehmböden 10 %, Tonböden 12 %, Sandböden 15 % (vgl. Cheratzi, 1966). Eine nachteilige Beeinflussung des Pflanzenwachstums konnte jedoch nicht festgestellt werden.

Die Auswirkungen unterschiedlicher Bodenbearbeitung auf den Wasser-, Luft- und Wärmehaushalt stehen in engem Zusammenhang mit der Porenraumgliederung und den Ernterückständen. Wie bereits erwähnt, verringert sich das Porenvolumen bei reduzierter Bearbeitung – und zwar hauptsächlich zu Lasten der luftführenden Grobporen. So kommt es bei reduzierter Bearbeitung nach Höpler (1991) zu einem erhöhten Wasserspeicherungsvermögen des Oberbodens bei geringerer gesättigter Wasserleitfähigkeit. Besonders beim Auftreten von Frühsommertrockenheit ist die Erhaltung der Bodenfeuchte von großer Bedeutung. Anders sieht es in nassen Jahren aus, hier können sich negative Einflüsse auf das Pflanzenwachstum bemerkbar machen. Die Evaporation ist nach Pelegrin et al. (1990) zwischen Pflug- und Direktsaatvarianten nach ausreichenden Niederschlägen nicht signifikant unterschiedlich, in trockenen Jahren zeigen sich bei der Direktsaat signifikant geringere Evaporationen. Das dürfte an der schützenden Strohbedeckung liegen.

Die Veränderung des Wasserhaushaltes wirkt sich insofern auf den Wärmehaushalt aus, dass sich Böden mit erhöhtem Wasserspeicherungsvermögen bei gleicher Einstrahlung langsamer erwärmen als trockene Böden mit einem hohen Anteil luftführender Grobporen. Dieses trifft für die reduziert bearbeiteten Böden zu, die dafür aber ihre Wärme besser speichern können, da sie sie nur langsam wieder abgeben. Die schnellere Erwärmung der gepflügten Böden im Frühjahr fördert die Jugendentwicklung der Pflanzen. Bei Wintersaaten – wie im Projekt – nivelliert die Wassersättigung diesen Effekt. Die Luftdurchlässigkeit nach reduzierter Bearbeitung ist trotz des höheren Anteils wasserführender Fein- und Mittelporen den meisten Literaturangaben zufolge nicht beeinträchtigt.

Zwei wichtige Schadwirkungen, die wesentlich durch die Art der Bodenbearbeitung beeinflusst werden können, sind die Verschlämmung der Bodenüberfläche und der Bodenabtrag durch Erosion. In erster Linie können die Bedeckung des Bodens mit organischem Material und die Stabilität der Aggregate an der Bodenoberfläche das Ausmaß des Schadens begrenzen.

Aufgrund der eben genannten Tatsachen ist der "reine Tisch" der wendenden Bodenbearbeitung sehr viel erosions- und verschlämmungsgefährdeter als die reduziert bearbeitenden Verfahren (vgl. Brunotte et al., 2000). Nach Anken (1995) ist die Erosion bei Mulchsaat um 95 % vermindert gegenüber dem konventionellen Verfahren mit Herbstfurche. Baeumer (1986) spricht von dreißigmal stärkerem Oberflächenabfluss bei gepflügter Bearbeitung gegenüber langjähriger Direktsaat. Nach Schultz-Klinken (1978) liegt die Ursache für Erosion ebenfalls in der zu hohen Bearbeitungsintensität. Bleiben dagegen die Pflanzenreste an oder auf der Bodenoberfläche, so wird die Aufprallenergie der Regentropfen abgepuffert. Tebrügge (2000) ermittelten folgende Werte der Strohplatzierung: mit dem Pflug wurden 60 % des Materials in die Unterkrume (15-25 cm), bei der konservierenden Bearbeitung wurden über 90 % in die Oberkrume (0-10 cm) eingearbeitet, bei der Direktsaat verblieben über 90 % auf der Bodenoberfläche.

2.2.2 Strohmanagement

Die konservierende Bodenbearbeitung und die Direktsaat werden maßgeblich vom Stroh als Ernterückstand der Vorfrucht positiv wie negativ beeinflusst, denn aufgrund der nichtwendenden Bodenbearbeitung verbleibt das Stroh der Vorfrucht teilweise auf der Bodenoberfläche, zum Teil wird es in die oberste Bodenschicht eingearbeitet. Das fördert das Bodenleben und beugt gleichzeitig der Verschlämmung vor. So schreibt Schönberger (1993) von einer kontinuierlichen Zunahme des Humusgehaltes bei einer Strohdüngung von mehr als 70 dt/ha, bei gleich bleibend hohem Niveau des Stickstoffpools im Boden. Maidl et al. (1988) berichten von höherem Ertrag durch Strohdüngung bei konservierender Bearbeitung aufgrund der struktur- und bodenverbessernden Wirkung.

Stroh kann aber zu Problemen bei der nachfolgenden Frucht führen. Besonders auf Standorten, die durch ein hohes Ertragspotential und dadurch bedingt mit hohen Ernterückständen gekennzeichnet sind, ist auf einen sorgfältigen Umgang mit dem Stroh Wert zu legen. Problematisch ist weiterhin, dass die Strohmengen aufgrund des steigenden Ertragsniveaus stetig zunehmen (vgl. Weißbach et al., 2005).

Vereinzelt hohe Strohkonzentrationen – bedingt durch unterschiedliche Ertragspotentiale von Teilflächen innerhalb der Schläge – beeinflussen besonders bei flacher, nichtwendender Bodenbearbeitung die nachfolgende Frucht negativ (vgl. Koch, 1990). Nicht verrottetes Stroh der Vorfrucht innerhalb des Saatbettbereiches beeinträchtigt die Keimung und den Feldaufgang. Zudem behindert das unverrottete Stroh eine exakte Saatgutablage. Koch (1990) stellt fest, dass ein großer Teil des Saatgutes auf der Bodenoberfläche verbleibt und, wenn überhaupt, dann nur mit großer Verzögerung keimt. Um eine schnellere Einleitung der Strohrotte zu erreichen, sollten nach Herrmann (1991) mindestens 60 % der gehäckselten Strohteilchen kleiner als 100 mm und maximal 5 % größer als 200 mm sein. Wieneke (1991) fordert eine noch feinere Zerkleinerung des Strohs. Besonders wirkungsvoll im Hinblick auf die Strohrotte ist aufgespleißtes Stroh. Aufgrund der Zerstörung der Röhrenstruktur bietet die vergrößerte Oberfläche des Strohs durch den besseren Bodenkontakt eine höhere Angriffsfläche für die Mikroorganismen, die die organische Substanz abbauen. Ein weiterer Aspekt des gespleißten Strohs ist die schnellere Aufnahme von Feuchtigkeit, welches ebenfalls den Rotteprozess begünstigt. Außerdem bildet es nicht wie der hohle Halm eine Sperrschicht für Feuchtigkeit gegenüber dem Saatkorn.

Hübscher (1987) hat die vertikale und horizontale Strohverteilung in einem Feldversuch untersucht, um die Strohmasse zu bewerten, die sich in der Krume befindet. Es ging dabei nicht um die Gesamtmasse sondern vielmehr um den Standort des Strohs, um Rückschlüsse der Beeinflussbarkeit des Strohs auf die keimenden Pflanzen ziehen zu können. Befindet sich viel Stroh in Anhäufung, so könnte dies einen niedrigeren Feldaufgang erklären, da das Saatkorn nicht ungehindert wachsen kann, bedingt durch fehlende Kapilarität und Feinerde im Saathorizont.

Die Konkurrenz um Wasser, Sauerstoff und Licht zwischen dem Saatkorn und dem Abbau des Strohs behindern zudem eine zügige Keimlingsentwicklung. Der für die Strohrotte benötigte Stickstoff steht jungen Pflanzen nicht im ausreichenden Maß zur Verfügung und kann zu Wachstumsdepressionen führen. Dieses liegt an dem weiten C/N-Verhältnis von Stroh und der hohen Stickstoffmenge, die Mikroorganismen zur Verarbeitung brauchen. Es entsteht dabei die sog. N-Sperre (vgl. Graham et al., 1986). Daraus ergibt sich der Bedarf für eine zusätzliche Stickstoffdüngung in Höhe von 0,7 kg N / dt Stroh, um eine zügige Strohumsetzung zu erreichen (vgl. Köhnlein; Vetter, 1965). Diese kann in Form von Gülle oder AHL erfolgen und sollte nach dem ersten Stoppelbearbeitungsgang ausgebracht werden (vgl. Hanus, 1996).

Während des Abbaus der Ernterückstände werden Stoffwechselprodukte freigesetzt, die sowohl die Keimung, als auch das Wachstum der jungen Getreidepflanzen beeinträchtigen (vgl. Börner, 1995). Hierbei handelt es sich hauptsächlich um phenolische Verbindungen, die für die so genannten allelophatischen Wechselwirkungen zwischen den Pflanzen verantwortlich gemacht werden. Nach Christen und Lovett (1993) können Phenole über das Keimlingsstadium hinaus die Ertragsbildungsprozesse und damit die Ertragshöhe der nachfolgenden Kulturart negativ beeinflussen. Die Wirkung der toxischen Effekte der allelophatischen Stoffwechselprodukte ist laut Kimber (1973) im frühen Abbaustadium am größten und reduziert sich nach 14-21 Tagen wieder. Deshalb sollte nach der Ernte eine zügige Strohrotte erfolgen, damit die nachfolgenden Pflanzen nicht in der Hauptphase des Strohabbaus auflaufen.

Voßhenrich (1998) untersuchte vor diesem Hintergrund den Einfluss von gemahlenem und gehäckseltem Stroh mit unterschiedlichen Konzentrationen in Samennähe von Winterraps auf vier verschiedenen Böden. Die Auswertung der Feldaufgänge zeigt, dass fein aufgearbeitetes Stroh den Keimungsvorgang am wenigsten beeinflusst, das heißt die physikalischen Strukturen von Stroh sind von Bedeutung. Die hieraus abzuleitenden Forderungen richten sich an die Aufarbeitung von Stroh während des Erntevorgangs. Eine Zerkleinerung auf 2 cm wäre für die konservierende Bodenbearbeitung und die Direktsaat von Vorteil, da auf diese Weise grobe Strukturen in Samennähe vermieden werden können.

Aus diesen Gründen muss schon bei der Ernte mit Hilfe von Häcksler, Spreuverteiler, etc. auf eine gleichmäßige Verteilung der Streu geachtet werden (vgl. Linke, 1998). Dazu gehört auch eine geringe Schnitthöhe beim Mähdrusch, um kurze Stoppeln zu erreichen. Das Einarbeiten und Vermischen des Strohs erfordert umso mehr Sorgfalt und Aufwand, je mehr Stroh vorhanden ist, je flacher es eingearbeitet werden soll und je weniger Zeit bis zur Bestellung der Folgefrucht verbleibt. Reckleben et al. (2006) stellen einen Hochschnitt des Bestandes bis zu 30 cm zur Diskussion, um eine günstigere Strohverteilung zu erzielen und gleichzeitig den Trend der Energieeinsparung bereits beim Mähdrusch der Vorfrucht zu beginnen (vgl. Dölger et al., 2006).

Nach Schönberger (1993) ist Stroh bei ausreichender Bodenfeuchtigkeit kein Problem, auf ausgetrockneten Böden ist es jedoch günstiger, das Stroh auf der Bodenoberfläche zu belassen. Es wird durch den Einfluss von Licht und geringen

Niederschlägen zermürbt, anstatt im trockenen Boden konserviert zu werden. Erschwerend wirkt, dass durch eine spätere Abreife von Triticale, Roggen und Winterweizen in Kombination mit einem früheren Aussaattermin der folgenden Winterkultur deutlich weniger Zeit für die Strohrotte verbleibt (vgl. Weißbach et al., 2005).

Tabelle 2-1: Wirkungen von Stroh im Saatbett (nach Voßhenrich, 1995)

Wirkungen	Ursachen
Ungleiche Ablagetiefe	➤ Verstopfung der Scharzwischenräume führt zu vertikalen Scharbewegungen
Keimung behindert	➤ Stroh saugt Wasser auf ➤ Lockerung durch Stroh behindert den kapillaren Wasseraufstieg
Pflanzenwachstum gehemmt	➤ N-Fixierung durch Mikroben
lückiger Bestand und verzögerter Auflauf	➤ Fußkrankheiten an Keimpflanzen ➤ Pilzbefall des Samens ➤ Schneckenfraß
Keimung und/oder Wurzelwuchs gehemmt	➤ Wasserlösliche Stoffe aus Getreidestroh ➤ Anaerober Abbau unter Feuchtebedingungen ➤ Bildung flüchtiger Fettsäuren ➤ Essigsäurebildung durch Strohabbau ➤ Phenolische Verbindungen aus Strohextrakten

Einen zusammenfassenden Überblick über die vielfältigen negativen Wirkungen von Stroh soll die Tabelle 2-1 gewährleisten. Bearbeitung und Technik stehen den negativen Wirkungen von Stroh als Ernterückstand entgegen. Problematisch ist, dass die Strohmengen durch das steigende Ertragsniveau beständig steigen. Umso wichtiger ist ein optimales Strohmanagement, das nach Voßhenrich folgende Faktoren voraussetzt: 10 cm lange Stoppel, kurze Häcksel und einen Variationskoeffizienten von 20 % bei der Strohquerverteilung.

2.3 Eignung von Böden für konservierende Bodenbearbeitung

Es wurden bereits viele Faktoren genannt, die bei der konservierenden Bodenbearbeitung einwirken können. Als dominante Größe gilt der Boden; auf ihm sind Verfahren und Technik abzustimmen. Daraus folgen generelle Empfehlungen zur Eignung. Für die konservierende Bodenbearbeitung trifft diese Beeinflussung der Faktoren verstärkt zu. Nach Baeumer (1993) sind Sandböden, die aufgrund ihres hohen Schluff- und Feinsandanteils zu Dichtlagerungen neigen, nicht für Verfahren mit reduzierter Bodenbearbeitung geeignet. Da Einzelkornböden keine eigene Strukturkraft aufweisen, lagern sie bei pflugloser Bearbeitung selbsttätig dicht. Die entstehende Bodenverdichtung lässt sich nach Rydberg (1995) nur durch das Pflügen wieder vollständig beheben. Ebenfalls ist auf Standorten, die von Grund- oder Stauwasser beeinflusst sind, von Formen der reduzierten Bearbeitung abzuraten (Graham et al., 1986; Ball et al., 1994).

Nach Kahnt (1995) gibt es keine vergleichbare Kartierung für deutsche Böden. Für ihn ist das Zusammenspiel mehrerer Faktoren wie z.B. Bodenart, Bodentyp, Klima, Minimalbodenbearbeitungsverfahren, Verunkrautung und Vorfrüchte entscheidend für das Gelingen der pfluglosen Bearbeitung. Dieses würde bei einer Kategorisierung der Böden aufgrund von Bodenart und Wasserverhältnissen nicht genügend berücksichtigt. Basierend auf dem Klassifikationssystem nach Cannell et al.. (1978), welches englische Böden in drei Kategorien hinsichtlich ihrer Eignung für Direktsaat unterteilt, bewertet Köller (1988) die westdeutschen Böden. Er kommt zu dem Ergebnis, dass sich 30 % der Böden sehr gut für reduziertes Bearbeiten eignen und auf weiteren 50 % zufriedenstellende Ergebnisse erzielt werden könnten. Auf schweren bis sehr schweren Böden, d. h. auf Lehm- und Tonböden, findet die Bearbeitung ohne Pflug die größte Bedeutung.

Kategorie I: sehr gut geeignet
Etwa 30 % der Böden sind "von Haus aus" sehr gut für pfluglose Bearbeitung geeignet. Darunter fallen kalkreiche Tonböden mit quellbaren Tonmineralen, gut drainierte Lehmböden mit hoher biologischer Aktivität und humusreiche Sandböden, die nicht zur Dichtlagerung neigen. Eigene Bemerkung: der Standort Fehmarn ist in dieser Kategorie wieder zu finden.

Kategorie II: mittelmäßig gut geeignet
Sandige Lehme bis Lehme sind bei entsprechender Bewirtschaftung (Vermeiden von Bodenverdichtungen, Mulchdecken etc.) ebenfalls geeignet. Eigene Bemerkung: der Standort Oppendorf ist in diese Kategorie einzuordnen.

Kategorie III: weniger geeignet
Probleme bereiten feinsandige Schluffböden, die zur extremen Dichtlagerung neigen sowie Tonböden mit nicht quellbaren Tonmineralien. Auch diese Böden zeigen eine kompakte Lagerung.

Nach Hollmann (2005) sind Böden, die Defizite in der Kalkversorgung und im Dränagezustand aufweisen, keineswegs für die konservierende Bodenbearbeitung geeignet. Für Köller (1988) sind jedoch nicht die Bodenart und der Bodentyp die begrenzenden Faktoren der Bewirtschaftungsart, sondern der Zustand des Bodens. So lässt sich fast jeder Boden pfluglos bewirtschaften, es ergeben sich jedoch Unterschiede bei dem geforderten Aufwand der Bearbeitung.

Ein hoher Anteil an Grobporen sowie ein möglichst verdichtungsfreier Boden mit einem ungestörten Übergang vom Ober- zum Unterboden, um Wasser rasch abzuleiten, stellen gute Voraussetzungen zur pfluglosen Bewirtschaftung dar. Die Umstellung auf eine nichtwendende Bodenbearbeitungsform sollte nur erfolgen sofern keine Bodenverdichtungen aus Pflege- und Erntespuren sowie Pflugsohlenverdichtungen vorhanden sind. Anderenfalls muss vor der Umstellung bei trockenen Bodenverhältnissen eine gründliche Lockerung erfolgen (vgl. Voßhenrich, 1990).

Die Bodenorganismen spielen eine wichtige Rolle für die Bodenbildung und die Bodenfruchtbarkeit und sind somit ein wesentlicher Bestandteil der Böden. Art und Umfang variieren je nach Standortverhältnissen und nach Bodenbewirtschaftungsart. Als Beispiel soll der Regenwurm dienen, der von besonderer Bedeutung für die Verteilung von organischer Substanz, den Aufbau eines kontinuierlichen Porensystems und die Entwicklung eines stabilen Aggregatgefüges ist. Regenwürmer bevorzugen gleichmäßig durchfeuchtete Böden mit ausreichenden Mengen an organischer Substanz. Diese Bedingungen sind in erster Linie bei dem konservierenden und dem Direktsaatverfahren anzutreffen, so dass nach Böhrnsen und Eichhorn (1991) ein Populationsverhältnis zwischen Pflug, Grubber und Direktsaat von 1:3:5 auftritt.

Durch den Verzicht auf die wendende Bodenbearbeitung verbleiben die Strohreste an der Bodenoberfläche, wodurch eine ganzjährige Nahrungsgrundlage für die Würmer gewährleistet ist. Graff (1964) stellt durch eine Strohdüngung eine starke Vermehrung der Regenwürmer in Arten- und Individuenzahl sowie die Förderung ihrer Aktivitäten fest. Eine Verminderung der Populationsdichte wird durch das Befahren und Bearbeiten des Bodens hervorgerufen. Besonders bei instabilen Bodenverhältnissen können die Regenwürmer zerquetscht werden, des Weiteren werden sie durch rotierende Werkzeuge geschädigt. Eine andere Gefahr besteht in dem Hochpflügen der Würmer, wobei die Witterungsverhältnisse eine große Rolle spielen und sie ihren natürlichen Feinden zum Opfer fallen können. Sind die Tiere im Spätfrühling einer plötzlichen Trockenheit ausgesetzt, können sie oft nicht schnell genug in feuchtere Bodentiefen abwandern. Das Aufpflügen im feuchten Herbst hinterlässt dagegen kaum nachhaltige Schäden in der Population (vgl. Dunger, 1983). Insgesamt betrachtet nimmt nach Lee (1985) der Regenwurmbesatz mit zunehmender Bearbeitungsintensität ab.

2.4 Heterogenität des Standortes

Seit einigen Jahren gewinnt die teilflächenspezifische Landbewirtschaftung (Precision Farming) in der Landwirtschaft zunehmend an Bedeutung. Precision Farming ist die Erfassung von Flächenanteilen mit unterschiedlichen bodenkundlich und pflanzenbaulich relevanten Eigenschaften innerhalb einer landwirtschaftlich bewirtschafteten Fläche und die angepasste Bewirtschaftung der daraus resultierenden Teilflächen (vgl. Robert et al., 1987; McBradney et al., 1997; Treue, 2002).

Nach dem Ansatz des Precision Farming wird ein Schlag nicht mehr als eine einzelne räumliche Einheit betrachtet, sondern er besteht aus unterschiedlichen Einheiten innerhalb eines Feldes, den Teilflächen. Die Ursache unterschiedlicher

Ertragsfähigkeit verschiedener Bereiche (Teilflächen) eines Schlages liegt hauptsächlich in der Variabilität des Produktionsfaktors Boden. Der Boden ist durch die Vielzahl von Funktionen für das Pflanzenwachstum als Haupteinflussgröße für die Variabilität der Erträge zu sehen, so dass es notwendig ist, seine Heterogenität gezielt zu erfassen. Unabhängig von der Größe des Schlages ist die Heterogenität ausschlaggebend für die Notwendigkeit der Bewirtschaftung von Teilflächen. Um Variabilitäten auf einem Schlag zu quantifizieren, sind unterschiedliche Messmethoden möglich.

Die Fernerkundung meint nach Löffler (1994) das Beobachten, Kartieren und Interpretieren von Erscheinungen auf der Erdoberfläche oder auch auf der Oberfläche anderer Himmelskörper, ohne die Gebiete zunächst zu betreten.

Mit der Messmethode Naherkundung sind alle Methoden gemeint, die nur durch eine Vor-Ort-Begehung zustande kommen und meist durch einen höheren Arbeits- und Zeitaufwand gekennzeichnet sind. In den letzten Jahren hat sich nach dieser allgemeinen Einteilung zwischen Nah- und Fernerkundungsmethoden jedoch eine Zwischenklasse gebildet, die Merkmale aus beiden Ansätzen besitzt. Mit der Arbeit von Reusch (1997) wurde eine Möglichkeit zur berührungslosen Messung von Ernährungs- und Entwicklungszuständen eines Pflanzenbestandes vorgestellt, der weitere Prinzipien folgten. Sie werden am Schlepper montiert, hoch über dem Bestand geführt und berühren die Pflanze nicht. Methoden der Naherkundung aus bodenkundlicher Sicht sind die gezielte Beprobung und das Graben von Bodenprofilen. Analytische Methoden zur Korngrößenerfassung oder zur Bestimmung des Nährstoffgehaltes beruhen ebenfalls auf der gezielten Probenentnahme am Feld. Als zerstörungsfreie Methoden gewinnen geoelektrische Messsysteme an Bedeutung.

Untersuchungsgebiet und Methoden 17

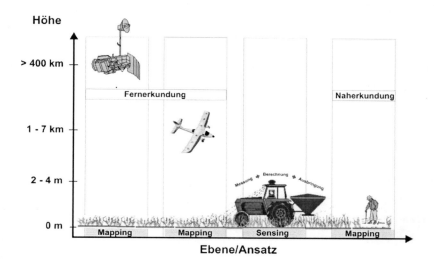

Abbildung 2-1: Systeme zur Fern- und Naherkundung im Vergleich
(vgl. Löffler, 1994; Lamp, 2003)

Die Abbildung 2-1 zeigt verschiedene Ansätze zum Informationsgewinn auf den Ackerschlägen. Grundsätzlich ist zwischen zwei Ansätzen zu unterscheiden, dem Mapping- und dem Sensing-Ansatz. Der Mapping-Ansatz oftmals auch als Offline Ansatz bezeichnet beschreibt alle Methoden, bei denen zwischen Datenerhebung (Luft-/Satellitenbild, Bodenbeprobung, EM38) und Applikation eine gewisse Zeitspanne (mehr als 48h) vergeht (vgl. Reckleben, 2006). Der Sensing-Ansatz kommt mit sehr kurzen Zeitspannen (< 1s) zwischen Zustandserfassung, Berechnung und Applikation aus. Nach Lamp (2003) gehört die Zukunft im Precision Farming den kombinierten Systemen aus Mapping- (Boden) und Sensing- (Bestand) Ansatz.

Um die Heterogenität des Bodens zu beschreiben, stehen bodenkundliche Daten aus Leitfähigkeitsmessungen nach EM38 sowie der bodenkundlichen Kartieranleitung (KA4) zur Verfügung. Nachfolgend sollen diese dargestellt und ihre Eignung für die Ableitung produktionstechnischer Konsequenzen überprüft werden.

2.4.1 Relief

Neben der Bodenart ist das Relief ein weiterer Parameter, der an einem Standort vorgegeben und nicht veränderbar ist. Unterschiede in Boden und Relief können sich auf den Feldaufgang und den Ertrag auswirken. Im Wesentlichen wird der Ertrag durch die Wechselwirkung von der Bodenart und dem Klima über die Wasserverfügbarkeit sowie den Wärmehaushalt bestimmt. Über die Verteilung der Korngrößen wird die Bodenart definiert, so dass verschiedene Eigenschaften wie pflanzenverfügbares Wasser, Porenvolumen und Austauschkapazität sowie letztlich die Ertragsfähigkeit des Bodens unterschiedlich ausgeprägt sind (vgl. Wiesehoff, 2005). Informationen, die sich aus dem Relief (und der Bodenart) ableiten lassen, wurden im Rahmen des preagro-Projektes genutzt, um Bodenbearbeitung differenziert nach Intensität zu gestalten (vgl. Sommer et al., 2000; Voßhenrich et al., 2005). Die reliefbezogene Auswertung von Ertragsdaten hat sich bei der Interpretation von Massendaten aus Großflächenversuchen bewährt (vgl. Griepentrog et al., 1998).

2.4.2 Reichsbodenschätzung

Auf Grundlage des Gesetzes über die Bewirtschaftung des Kulturbodens vom 16.10.1934 wurde in Deutschland die Reichsbodenschätzung mit dem Ziel der Ermittlung des monetären Wertes landwirtschaftlich genutzter Flächen begonnen, die sich über die Ertragsfähigkeit des Standorts ausdrückt (vgl. Scheffer, Schachtschabel, 2002). Der Boden wird in einem Ackerzählungsrahmen nach Bodenart, Zustandsstufe und Entstehung eingeordnet und bekommt als Maß für die Ertragsfähigkeit unter Normalbedingungen die Bodenzahl zugeordnet. Zu- oder Abrechnungen an diesen Bodenzahlen werden vorgenommen, wenn das Klima von einer definierten Norm abweicht, zusätzlich geht die Geländeeignung in mehreren Stufen ein. Die nach diesen Zu- und Abrechnungen gebildete Zahl stellt die Ackerzahl dar (vgl. Rothkegel, 1952), wobei ein Spitzenbetrieb mit Schwarzerden aus Löss in der Magdeburger Börde bei dieser Bewertung eine Boden- und Ackerzahl von 100 aufweist (vgl. Altermann et al., 1992).

Diese Daten, die damals mit fiskalischem Ziel erhoben wurden, haben aufgrund der flächenhaften zweidimensionalen Darstellung und der damit verbundenen Reduktion auf einen Hauptbodentyp einen gewissen Informationsverlust über die natürlich vorhandene Variabilität zwischen den Teilflächen zur Folge. Zusätzlich liegen diese Schätzkarten je nach Morphologie der betrachteten Region in unterschiedlichen Maßstäben vor. Die Maßstäbe schwanken zwischen 1:2 000 und 1:5 000 (Lamp et al., 1998). Die Beprobung durch die amtlichen Schätzer wurde damals in einem Raster von 50 m und kleiner durchgeführt. Die Nachschätzung, welche um 1970 durchgeführt wurde, ergab die für das Untersuchungsgebiet verwendeten Bodenkarten im Maßstab von 1:2000 bis 1:25000. Dennoch hat die Reichsbodenschätzung auch heute noch eine Bedeutung für die Landwirtschaft, da sie für fast alle landwirtschaftlich genutzten Flächen das detaillierteste Material über den Boden und seine Variabilität zur Verfügung stellt. Der Nutzen für landwirtschaftliche Betriebe wird zum einen darin gesehen, dass die Kenntnisse über vorherrschende Böden und deren Ertragsfähigkeit auf Betriebs- und Schlagebene erhöht werden können (vgl. Altermann et al., 1992). Für die eigenen Versuche auf den Standorten hat die Reichsbodenschätzung keine weitere Bedeutung, da andere Datenquellen existieren und für die Frage nach der notwendigen Intensität als besser geeignet erscheinen.

2.4.3 Feldansprachen

Feldansprachen lassen sich nach den Vorgaben der AG Bodenkunde (1994) gemäß den Korngrößen der bodenkundlichen Kartieranleitung durchführen und klassifizieren (siehe Abbildung 2-2).

Mittels Bohrstockbeprobungen wird die Untersuchung über den Schlag verteilt durchgeführt. Die Daten werden detailliert zu einer Bodentexturkarte zusammengetragen und anschließend digitalisiert (vgl. Jenny, 1941; Lamp, 2003;). Für den im vorliegenden Projekt geplanten Versuch bietet sich die Bodentexturkarte als Informationsquelle differenzierter Bodenbearbeitung an.

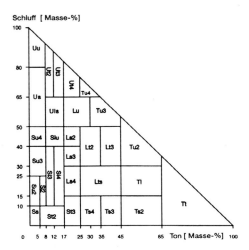

Abbildung 2-2: Korngrößendreieck bodenkundliche Kartieranleitung (KA4)

Indirekte Methoden der Naherkundung durch Geo-Radar und Geo-Elektrik, bilden nach Ansicht von Lamp et al. (1998) eine weitere Möglichkeit zur Erfassung der kleinräumigen Heterogenität des Bodens. Eine weitere Methode nach Meinung von Capelle (1998) zur Erfassung der kleinräumigen Heterogenität des Bodens sind großmaßstäbige Karten geeignet, wie er im Vergleich von Bodenkarten mit unterschiedlichen Maßstäben festgestellt hat.

Die Textur als Kenngröße des Bodens, durch Feldansprachen nach KA4 ermittelt, zeigt oftmals in der Literatur (vgl. Schwark, 2005; Reckleben, 2004) in den betrachteten Jahren eine gute Beziehung zum Ertrag und stellt damit die Haupteinflussgröße auf den Ertrag bei zum Beispiel konstanter Düngung dar. Der mit der Bodenansprache verbundene hohe Kartieraufwand kann durch indirekte Messmethoden, wie der Leitfähigkeitsmessung minimiert werden, auf die im nachfolgenden Kapitel näher eingegangen wird.

2.4.4 Leitfähigkeitsmessung mittels EM38

Das Bodenleitfähigkeitsmessgerät EM38 der kanadischen Fa. Geonics wurde ursprünglich zur Messung des Bodensalzgehaltes eingesetzt, wozu umfangreiche Forschungsarbeiten durchgeführt wurden (vgl. Durlesser, 2000). Seit einiger Zeit findet dieses elektromagnetische Verfahren seine Anwendung in Precision Agriculture (vgl. Corwin et al., 2003), wobei das EM38 das in Deutschland am häufigsten eingesetzte Bodenleitfähigkeitsmessgerät für Zwecke des Precision Farming ist (vgl. Sudduth et al., 2001; Lück, 2002). Durch die hohe Messwertdichte können mit Hilfe der EM38-Messungen kleinräumige Unterschiede im Feinerdeanteil erfasst werden. Ein weiterer großer Vorteil dieser indirekten Messmethode liegt in der zerstörungsfreien Messwerterfassung, verbunden mit einer hohen Flächenleistung.

Mit der Messung der elektrischen Leitfähigkeit in unterschiedlichen Tiefen von 0-200 cm Tiefe können ohne Eingriff in den Boden physikalische Messgrößen des Bodens erfasst und mit der GPS-Koordinate auf einem Rechner georeferenziert gespeichert werden. Die Auswertung bodenphysikalischer Messgrößen ist allerdings mit einigen Einschränkungen zu betrachten, da sie in komplexer Form durch verschiedene Merkmale wie der Bodenart, Mineralbestand, Humusgehalt und besonders dem Wassergehalt beeinflusst werden. Zusätzlich ist eine genaue Tiefenbestimmung des Messsignals nicht immer möglich (vgl. Militzer, 1985).

Der Vorteil dieser berührungslosen Messmethoden liegt darin, dass eine große Anzahl von Messwerten in der Grundgesamtheit enthalten ist, da die Messung in sehr kurzen Zeiträumen (< 1s) oftmals innerhalb einiger Millisekunden durchgeführt werden kann. Zusätzlich können die Messungen beliebig oft wiederholt werden, um so beispielsweise eine jahreszeitlich bedingte Änderung zu berücksichtigen. Vor allem kann die gesamte Fläche erfasst werden im Gegensatz zur punktuellen Beprobung.

Während der Messung wird ein Messgerät auf einem Kunststoffschlitten etwa 5 Meter hinter einem Fahrzeug über die zu kartierende Fläche gezogen, ohne den Boden zu beeinträchtigen. In dem Messgerät befinden sich 2 Spulen. Die erste, so genannte „Sendespule", wird durch einen Akku mit Gleichstrom versorgt, durch den sich um die Spule herum ein Magnetfeld aufbaut, welches im Vertikalmodus bis zu 200 cm tief in den Boden reichen kann. Durch dieses Magnetfeld bilden sich um die Nährstoffionen im Boden „induzierte" Felder. Besonders an den Tonmineralen, an denen viele Ionen an der Oberfläche gebunden vorliegen, entstehen größere induzierte- (sekundäre) Magnetfelder, die von der 2. Spule im Messgerät der Empfängerspule registriert werden. So erhält man Werte zur scheinbaren elektrischen Leitfähigkeit [mS/m] des Bodens, die sich als Karte darstellen lassen. Bereiche mit einer hohen Leitfähigkeit sind Böden mit einem höheren Feinerdeanteil (Ton). Niedrige Leitfähigkeit weisen Böden mit höherem Sandanteil auf, in denen weniger Nährstoffe an der Bodenmatrix gebunden sind und die gemessenen sekundären Magnetfelder geringer sind.

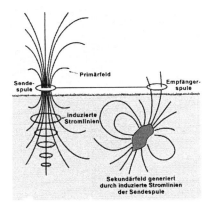

Abbildung 2-3: Messprinzip EM38 (nach Durlesser, 2000, geändert)

Die elektrische Leitfähigkeit wird wesentlich durch den Nährstoffgehalt in der Bodenlösung und den Anteil an organischer Substanz im Boden beeinflusst. Zusätzlich kann bei multitemporalen Messungen auf ein- und demselben Schlag neben dem Temperaturgradienten auch der Wassergehalt des Bodens einen Einfluss auf dass Messergebnis haben. Deren Einfluss kann mit der Auswahl des Termins und des Bodenzustands auch gemindert werden (vgl. Sudduth et al., 2001; Lück et al., 2002). Trotz dieser Einflussgrößen kann das Messergebnis unter Berücksichtigung von Wassergehalt und Bodentemperatur als reproduzierbar angesehen werden. Der wesentliche Vorteil dieser Methode liegt zum einen in der großen Anzahl von Messwerten über die Fläche und der damit verbundenen hohen räumlichen

Auflösung. Zum anderen liegt er in der zerstörungsfreien, jederzeit möglichen Messung, sowie der schnellen Verfügbarkeit der Messergebnisse und damit der Möglichkeit, alle Versuchsflächen auch nachträglich ohne analytischen Aufwand kartieren zu können. Schon wegen der Eignung für Großflächeneinsatz ist die Verwendung der Messmethode für den eigenen Versuch vorgesehen.

Um eine Vergleichbarkeit zwischen mehreren Feldern oder auch Jahren herstellen zu können, ist eine gewissenhafte Kalibrierung an jedem Feld notwendig. Die Kalibrierung beruht auf zum Messtermin wirkenden Umweltbedingungen (Bodentemperatur, Umgebungstemperatur und Bodenfeuchtigkeit), denn diese können an einem Tag sehr variabel sein. Aus langjährigen Erfahrungen des Institutes für Pflanzenernährung und Bodenkunde der Universität Kiel (Herbst, 2002; Lamp, 2003) ist bekannt, dass Leitfähigkeiten von < 15 mS/m als Sande, 10 bis 30 mS/m als lehmige Sande bis sandige Lehme und > 35 mS/m als Tone für Böden in Schleswig Holstein bezeichnet werden können. Diese Klassifizierung führt zu einer Vergleichbarkeit in zeitlicher als auch in räumlicher Hinsicht und hat für den Ansatz einer teilflächenspezifischen Betrachtung eine Bedeutung.

Betrachtet man die seit einigen Jahren in der Praxis gewonnenen Daten zum Ertrag, so stellt sich heraus, dass eine große Variabilität im Einzelfeld über mehrere Jahre vorherrscht. Bereits Versuche von Schwark (2005) und Reckleben (2004) wurden ebenfalls mit dem EM38 kartiert und anschließend in Bodenklassen eingeteilt. Diese Klassifikation hat sich bei der Frage nach der Wirkung verschiedener Bewirtschaftungsintensitäten bei der Bodenbearbeitung, Saat und Düngung bewährt (vgl. AgriCon, 2004; Schwark et al., 2006).

2.4.5 Biomasse-Sensor

Das Prinzip des Reflektionssensors beruht auf der unterschiedlichen Lichtreflexion der nackten Bodenoberfläche und der Oberfläche der Pflanzen (vgl. Reusch, 1997). Die Erfassung des Grünbestandes erfolgt somit anhand der unterschiedlichen Lichtreflexion der dunklen Ackeroberfläche und der grünen Pflanzen. Hier wurde als Maß das Infrarot zu Rot-Verhältnis (IR/R) gewählt.

Die Biomasse kann mit Hilfe des Yara N-Sensors im Fieldscan-Modus gemessen werden, der auf dem Schlepperdach montiert wird. Dabei wird das gesamte Reflektionsspektrum (450-900 nm) gemessen und das Verhältnis von Infrarot zu Rot berechnet. Je höher dieser Index ist, desto höher ist die Biomasse bzw. der Pflanzenbestand bzw. die Pflanzenanzahl zu dem Messtermin. Die Werte des Infrarot/Rot-Indexes reichen von 1 (nackter Boden) über 3 (vereinzelte Pflanzen) bis hin zu 50 (sehr dichter Bestand). Dieses Verfahren gibt jetzt die Möglichkeit, die Masse des Pflanzenbestandes berührungsfrei zu messen. Dadurch sind die Düngeeffekte oder die Bestandesentwicklung dokumentierbar (vgl. Thiessen, 2002; Reckleben, 2004).

2.4.6 Teilflächenspezifische Ertragsermittlung

Die teilflächenspezifische Ertragsermittlung stellt dar, wie sich Unterschiede im Boden oder in der Bewirtschaftung auf den Ertrag auswirken (vgl. Isensee, 2003). Die flächenhafte Darstellung ordnet die Messwerte den Geokoordinaten während des Druschvorganges auf dem Feld zu. Die Erntemaschinen sind für die Punktaufzeichnungen mit (D)GPS-Empfängern und Ertragssensoren ausgestattet. Die Meßsysteme arbeiten nach verschiedenen Prinzipien: nach Volumen, Kraft-/Impuls und Kraft/Masse. Die Sensoren liefern Einzelmesswerte (Korndurchsatz), die zusammen mit der ermittelten, abgeernteten Fläche über eine mathematische Gleichung verrechnet werden und als Ergebnis den Ertrag ausweisen.

Damit Schwankungen im Ertrag nicht auf unterschiedliche Feuchtegehalte des Korns zurückzuführen sind, ist eine fortlaufende Messung der Kornfeuchte notwendig. Also wird das Ergebnis auf das gleiche Feuchteniveau bezogen. Die Feuchtesensoren entweder in der Korntankbefüllschnecke oder im Kopf des Kornelevators installiert. Ihre Messgenauigkeit ist bei fachgerechtem Einbau und exakter Kalibrierung sehr hoch. Messwerte der Kornfeuchte werden, wie die Messwerte zum Korndurchsatz, in einem Intervall von 1-5 Sekunden erhoben. Von der Software des Bordcomputers wird ein auf den gleichen Feuchtegehalt bezogener Korndurchsatzwert nun mit den Angaben zur Flächenleistung verrechnet und gespeichert (vgl. Griepentrog, 1998).

Abbildung 2-4: Schematische Darstellung der Ertragsdatengewinnung mit dem Kraft-/Impulsmesssysteme (Ludowicy et al., 2002, geändert)

Im eigenen Versuch wurde ein Kraft-/Impulsmesssystem bzw. ein Kraft-Masse-System von der Firma John Deere verwendet. Die Sensorsysteme dieses Typs ermitteln den Korndurchsatz (Masse je Zeiteinheit) über die Kraft- oder Impulswirkung (Masse x Geschwindigkeit) von Körnern, die am Elevatorkopf von den Elevatorpaddeln in den Korntank geschleust werden. Der Sensor beinhaltet eine Prallplatte, die an eine Kraft- oder Impulsmesszelle angegliedert ist und die Kraft misst, die von den weggeschleuderten Körnern ausgeht. Je größer der Korndurchsatz, umso höher ist die Kraftwirkung auf die Prallplatte des Sensors (vgl. Ludowicy et al., 2002). Die so gemessenen Erträge/m² können nun für eine Bewertung der Bodenbearbeitungssysteme in jedem Jahr genutzt werden.

2.5 Strohverteilung und Stroheinmischung

Die Literatur zeigt, welche Bedeutung die Strohmenge und Verteilung für die konservierende Bodenbearbeitung hat. Daher wurden für die eigenen Versuche folgende Konsequenzen gezogen. Zunächst wurde zum Erntetermin die Einstellung des Mähdreschers auf dem Vorgewende überprüft, hierfür wurde nach der Schwadmethode von Voßhenrich et al. (2003) mit dreifacher Wiederholung ein Schwad aus gehäckseltem Stroh aufgehäuft und mit einem Bandmaß vermessen. Die zugrunde liegende Fläche setzt sich aus der Arbeitsbreite des Mähdreschers (7,5 m) und einer Länge von mindestens 3 m in Fahrtrichtung zusammen und ergibt 22,5 m². Die Masse des Strohs spielt dabei eine untergeordnete Rolle, entscheidender ist die Gleichmäßigkeit des Schwades. Hierfür wurde neben der Bonitur am Feld noch eine fotografische Erfassung durchgeführt.

Abbildung 2-5: Schwadmethode am Standort Oppendorf (Erntetermin 03.08.2003)

Die Abbildung 2-5 zeigt farbig markiert den über die Arbeitsbreite des Mähdreschers angehäuften Strohschwad, die farbige Linie verdeutlicht die Gleichmäßigkeit des Schwades. Die Strohverteilung wurde zusätzlich mit künstlichen Stoppeln wie in der DLG-Bewertungsraster (Schwarz et al., 2007) über die gesamte Arbeitsbreite des Mähdreschers erfasst. Hierfür wurden Auffangbehälter (50x50 cm) mit künstlichen

Stoppeln aufgestellt, in denen sich die Häcksel des Mähdreschers bei der Beerntung sammelten. Anschließend wurden die Häcksel in jedem Behälter getrennt verwogen.

Abbildung 2-6: Künstliche Stoppel im Auffangbehälter (nach Schwarz et al., 2007) zum Erntetermin 03.08.2003

Die Gewichte wurden dann über die gesamte Arbeitsbreite des Mähdreschers ermittelt und der Variationskoeffizient (VK) berechnet. Sofern die Gleichmäßigkeit des Schwades zufrieden stellend war (VK < 20 %), konnte der Versuch beerntet werden.

2.6 Standort Oppendorf

Der Versuchsstandort Oppendorf liegt ca. drei Kilometer südlich von der Landeshauptstadt Kiel. Die Versuchsfläche liegt somit im östlichen Hügelland von Schleswig-Holstein, einer Landschaft, die durch den Geschiebemergel der letzten

Eiszeit geprägt wurde. Aus diesem hinterlassenen Geschiebemergel entwickelten sich überwiegend die Braun- und Parabraunerden, welche als charakteristische Bodengesellschaften dieser Region vorherrschen. In den Senken entstand ein Gley, der hier als typischer Stauwasserboden auftritt. Der Versuchsschlag besteht aus lessivierter Braunerde, die aus der diluvialen Grundmoräne hervorging. Ab einer Tiefe von ca. 95 Zentimetern steht Geschiebelehm an. Auf dieser Fläche wechseln sich die Bodenart sandiger Lehm (sL) und lehmiger Sand (Ls); sie wurde durch die Reichsbodenschätzung mit Bodenpunkten zwischen 52 und 57 bewertet. Auf Grund seiner Genese und des Reliefs (Hang, Kuppe und Senke) kann dieser heterogene Standort auch andere Standorte in Deutschland repräsentieren.

Wilde (2000) hat auf dem Standort umfangreiche Untersuchungen zum Porenvolumen, zur Porenstruktur und Lagerungsdichte, sowie zur Festigkeit und Leitfähigkeit des Bodens durchgeführt. Das Grobporenvolumen seines Probenumfangs für 30 cm Tiefe variiert zwischen Kuppe, Hang und Senke. Dies ist auf Veränderungen in der Bodenart zurückzuführen. Ab dem Hangbereich zur Senke hin steigt der Sandanteil in den untersuchten Tiefen an. Hierin kommt die Änderung der Bodenart des Oberbodens zum Ausdruck, die vom „mittel sandigen Lehm" der Kuppe zu „mittel lehmigen Sand" vom Hang zur Senke wechselt. Im Unterboden unterhalb von 40 cm Tiefe zeigen die Untersuchungen von Wilde (2000) keine deutlichen Unterschiede. Die Leitfähigkeitsuntersuchungen zur Wasser- und Luftleitfähigkeit zeigen eine Beeinträchtigung in der Funktionsfähigkeit des Porensystems nach starker Befahrung. Die extremen Belastungen, wie sie in Fahrgassen auftreten, senken die Werte auf 40 % des unbelasteten Bodens (vgl. Wilde, 2000). Andererseits sind nach 5 Jahren Regeneration wieder 90 % vom Ausgangswert erreicht, so dass die Funktionsfähigkeit für den Wasser- und Lufthaushalt wieder besteht.

Die Wahl des Standortes erfolgte vor dem Hintergrund, dass stark wechselnde Bodenverhältnisse, ein ausgeprägtes Relief und ein hohes Ertragsniveau eine erhebliche Herausforderung für den Technikeinsatz sowie für die Zuordnung der optimalen Intensität der Bearbeitung darstellen. Auf dem Praxisstandort Oppendorf mit der Fruchtfolge Raps – Weizen – Gerste wurde die konservierende Bodenbearbeitung dem Pflugverfahren gegenübergestellt.

Versuchsanlage und -durchführung

Zur Aussaat 1999 wurde der Versuch (siehe Abbildung 2-7) angelegt und begonnen. Der gesamte Schlag umfasst ca. 25 ha, darin liegt der eigene Versuch mit einer Fläche von 12,5 ha. Bei der Einteilung der ca. 660 m messenden Schlaglänge wurden Streifen im Abstand der Fahrgassen von 24 m angelegt. Nach einem Randstreifen entlang des Feldrandes folgen zwei Versuchsstreifen der Pflugvariante (Streifen 1 und 2), dann folgt ein Übergangsbereich und daran schließen sich zwei Versuchsstreifen der Grubbervariante (Streifen 3 und 4) an. In Abstimmung mit dem Betriebsleiter und Bodendaten wurden an markanten Stellen Monitoringpunkte angelegt, an denen die Auszählungen und manuellen Handernten erfolgten.

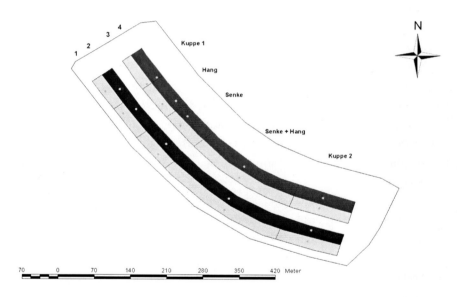

Abbildung 2-7: Versuchsanlage Oppendorf mit Monitoringpunkten

Streifen 1: Pflug mit aktiver Bestellung
Streifen 2: Pflug mit passiver Bestellung
Streifen 3: Grubber aktiv (99/00) und (00/01)
             Grubber passiv (01/02) und (02/03)
Streifen 4: Grubber aktiv 3 (01/02) und (02/03)
             Grubber passiv (99/00) und (00/01)

Die Stoppelbearbeitung wurde im ersten Versuchsjahr (1999/2000) und im 2. Versuchsjahr (2000/2001) mit der Grubber-Scheibeneggenkombination (siehe Abbildung 2-9) durchgeführt auf ca. 5 bis 7 cm Arbeitstiefe und in den zwei folgenden Versuchsjahren (2001/2002 und 2002/2003) mit einer Kurzscheibenegge. Die Stoppelbearbeitung erfolgte über die gesamte Fläche einheitlich.

Die Grundbodenbearbeitung erfolgte in den Streifen 1 und 2 durch einen Vierscharvolldrehpflug mit Packer und in den Streifen 3 und 4 durch eine Grubber-Scheibeneggenkombination. Die Arbeitstiefe beim Pflug lag standortgemäß bei 30 cm und die Arbeitstiefe für konservierende Bodenbearbeitung bei 18 – 20 cm. Beide Bodenbearbeitungsvarianten (konventionell und konservierend) wurden mit einer Kreiselgrubber-Säkombination (aktive Bestelltechnik) und mit einer Packerschar-Sämaschine (passive Bestelltechnik) bestellt.

In den Versuchen wurde die Entwicklung der Bestände an den Monitoringpunkten bis Vegetationsende vor Winter, nach Winter und zum Erntezeitpunkt erfasst. Die endgültige Auszählung im Herbst erfolgte, nachdem kein Zuwachs an Pflanzen mehr zu beobachten war. Anschließend wurde eine Handernte durchgeführt. Da die Monitoringpunkte Extrempunkte in der Fläche darstellen, liegt der Schwerpunkt der Ausarbeitungen bei der ertragskartierten Mähdruschernte. Bei Raps wurde der Ertrag – bedingt durch die intensive Verzweigung – ausschließlich über Ertragskartierung bestimmt.

Die Daten zur Ermittlung des Handernteertrags wurden wie folgt ermittelt:
In den vier Varianten lagen die 5 Messpunkte mit jeweils 4 Wiederholungen, die je 0,25 m² groß waren. Die Halme wurden mit der Schere abgeschnitten und anschließend gewogen. Des weiteren wurden an den Messpunkten der einzelnen Varianten m²-Proben geerntet, die Ähren gezählt und ausgedroschen.

2.7 Standort Petershof

Dieser Standort ist gekennzeichnet durch weniger stark wechselnde Bodenverhältnisse. Thiessen (2002) hat einen Wechsel der Teilflächen anhand von Reflektionssensormessungen im Pflanzenbestand für die Regionen des östlichen Hügellandes mit 25 m und der Insel Fehmarn mit 75 m bewertet. Damit meint Thiessen die Länge der Teilfläche innerhalb der Arbeitsbreite mit gleichen Wachstumsbedingungen, die Rückschlüsse auf den Boden zulassen könnten.

Der Boden der Versuchsfläche ist mit 80 Bodenpunkten bewertet. Es handelt sich um einen schweren Lehmboden aus degradierter Schwarzerde. Der Standort wurde für Großparzellenversuche ausgewählt, da homogene Bodenverhältnisse gegeben sind und bei Getreideerträgen von 100 dt/ha hohe Strohmassen anfallen, die für Pflugverzicht limitierend sein können. Auf diesem Standort geht es wesentlich um die Frage, in wieweit sich die Intensität der Bodenbearbeitung – Tiefe und Häufigkeit – bei hoher Strohmasse reduzieren lässt. Dabei wurden die Rahmenbedingungen für ein optimales Strohmanagement beachtet: 10 cm Stoppellänge, kurze Häcksel und ein VK von 20 % bei der Querverteilung des Strohs. Diese Faktoren wurden mittels der Feldmethode (vgl. Voßhenrich et al., 2003; Schwarz, 2007) festgestellt. Auf diesem Standort wurden Pflugvarianten nicht berücksichtigt.

Versuchsanlage und -durchführung

Es wurden auf dem Petershof Versuche mit insgesamt 8 Intensitätsvarianten der konservierenden Bodenbearbeitung für Raps und Weizen nebeneinander angelegt (siehe Abbildung 2-8). Die Varianten nehmen Bezug auf die vorhergehende Arbeit, da die Intensitäten der Varianten aufeinander aufbauen. Völlig ohne Bodenlockerung arbeiten die Direktsaatvarianten mit Meißel- und Packerscharttechnik.

Eine Steigerung der Stoppelbearbeitung ist gegeben bei 6 cm Arbeitstiefe, 6 und 12 cm Arbeitstiefe in zwei aufeinander folgenden Arbeitsgängen sowie 6, 12 und 20 cm Arbeitstiefe in drei aufeinander folgenden Arbeitsgängen.

Eine Unterteilung der drei Intensitätsstufen konservierender Bodenbearbeitung erfolgt durch passive Saat (gezogene Sätechnik mit Rollscharen) und aktive Saat (Kreiselgrubbersätechnik mit Rollscharen). Die Versuchsanlage ist ausgelegt für Praxismaschinen mit Arbeitsbreiten von mindestens 3 Metern. Die Folge der Arbeitsgänge für Bodenbearbeitung und Bestellung ist der Darstellung zu entnehmen.

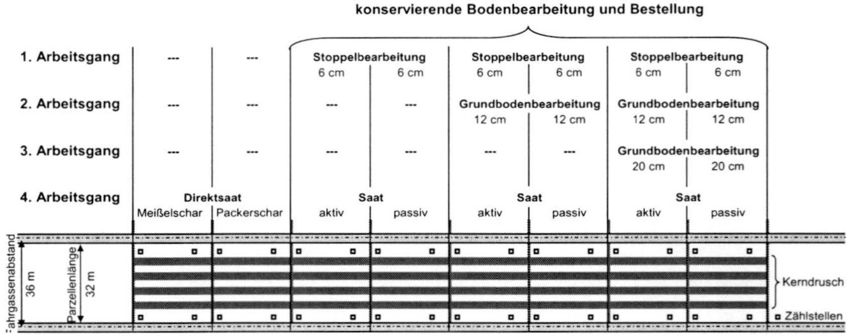

			konservierende Bodenbearbeitung und Bestellung					
1. Arbeitsgang	---	---	Stoppelbearbeitung 6 cm	6 cm	Stoppelbearbeitung 6 cm	6 cm	Stoppelbearbeitung 6 cm	6 cm
2. Arbeitsgang	---	---	---	---	Grundbodenbearbeitung 12 cm	12 cm	Grundbodenbearbeitung 12 cm	12 cm
3. Arbeitsgang	---	---	---	---	---	---	Grundbodenbearbeitung 20 cm	20 cm
4. Arbeitsgang	Direktsaat Meißelschar	Packerschar	Saat aktiv	passiv	Saat aktiv	passiv	Saat aktiv	passiv

Abbildung 2-8: Versuchsanlage Standort Petershof (nach Voßhenrich, 2003, geändert)

In den Varianten der konservierenden Bodenbearbeitung erfolgte zunächst zeitgleich eine Stoppelbearbeitung bis 6 cm Arbeitstiefe mit 18 cm breiten Stoppelscharen durch die Grubber-Scheibeneggenkombination. Die Grundbodenbearbeitung mit der Grubber-Scheibeneggenkombination in 12 cm Arbeitstiefe erfolgte mit 7,5 cm breiten Wendelscharen.

Der dritte Arbeitsgang mit einer Arbeitstiefe von 20 cm erfolgte mit 5 cm breiten Schmalscharen. Die Saat wurde in allen Varianten aktiv und passiv durchgeführt. So ergibt sich eine Staffelung dieser sechs praxisüblichen Varianten der konservierenden Bodenbearbeitung nach Häufigkeit der Arbeitsgänge und Intensität. Die Saat aller Varianten erfolgte zeitgleich.

Zentrales Gerät der Bodenbearbeitung ist die Grubber-Scheibeneggenkombination (siehe Abbildung 2-9). Dieses Gerät übernimmt die Funktionen: Lockern, Mischen, Einebnen und Rückverfestigen.

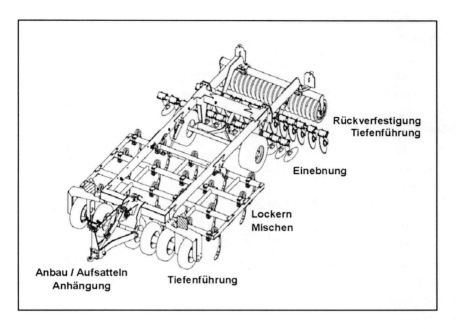

Abbildung 2-9: Grubber-Scheibeneggenkombination mit Funktionen (nach Weißbach et al., 2005)

2.8 Auswertung

Die Versuche wurden seit 1999 auf Praxisflächen angelegt und auf dem Standort Oppendorf nach den Methoden des On-Farm-Research (vgl. Werner, 1993; Kilian, 2002) massenstatistisch ausgewertet. Aus diesem Grund handelt es sich bei der Versuchsanlage auch nicht um eine klassische Versuchsanlage mit voll randomisierten Blöcken. Aufgrund der Bodenheterogenität des Standortes Oppendorf sind Streifen angelegt und mit den Bodendaten (EM38) unterlegt worden, um teilflächenspezifische Aussagen über die Intensität der Bodenbearbeitung vornehmen zu können, die mit dem Einsatz von Großtechnik durchgeführt wurden.

Anders verhält es sich auf dem homogeneren Standort Petershof auf Fehmarn. Bedingt durch die weniger stark wechselnden Bodenverhältnisse wurden Parzellen mit unterschiedlichen Arbeitsgängen der konservierenden Bodenbearbeitung angelegt, um Aussagen über die Intensität der Bodenbearbeitung treffen zu können.

Die Flächendaten der Standorte Oppendorf und Petershof wurden erfasst und im Geografischen Informationssystem (GIS) räumlich selektiert. Die Bestandesentwicklung, der Ertrag und die Bodendaten (Texturansprache) wurden auf dem Standort Oppendorf an den festgelegten Monitoringpunkten von Hand ermittelt. Die Handernte, welche die Ertragskartierung ergänzt, stellt eine Stichprobe von 4 x 0,25 m² und das an fünf exponierten Stellen in für die 2 ha große Variante dar. Die Lage der Monitoringpunkte wurde über die Varianten (quer zur Fahrtrichtung) mit Hilfe von Höhenlinien entlang gleicher Bodenverhältnisse gelegt. Für die weiterführende Auswertung an den Monitoringpunkten wurden die Mähdrescherdaten mit einem Suchradius von 10 m (~314 m²) um den jeweiligen Monitoringpunkt selektiert, um einen räumlichen Bezug zu den Messpunkten herzustellen. Hieraus ergibt sich, dass die Mähdrescherdaten aus der Ertragserfassung für einen Ertragsvergleich der Bodenbearbeitungsvarianten zuverlässiger sind. Um die Ertragsstruktur zu beschreiben, sind die von Hand gemessenen Daten dennoch zusätzlich nutzbar und somit von Vorteil.

Die Flächendaten wurden auf dem Standort Oppendorf mit EM38, Reflexionsmessungen und der Mähdrescher-Ertragskartierung erfasst. Das EM38-Gerät, die Reflektionssensormessungen und die Mähdreschererträge wurden als Messwert alle Sekunde erfasst und mittels GPS räumlich kodiert gespeichert. Die unterschiedlichen Messsysteme geben spezifische Flächen wieder.

Abhängig von der Methode werden unterschiedliche Flächengrößen erfasst. In der nachfolgenden Tabelle 2-2 sind die einzelnen, im Projekt genutzten Informationen und die dazugehörenden Bezugsflächen dargestellt. Auf die Methodik soll in den folgenden Kapiteln näher eingegangen werden, hier stehen die unterschiedlichen Bezugsflächen im Vordergrund.

Tabelle 2-2: Information und darin enthaltene Bezugsflächen im eigenen Versuch

	Maßnahme	Länge [m]	Breite [m]	Fläche [m^2]
Boden	Reichsbodenschätzung	50	50	2500
	Feldansprache (n. Lamp)	40	24	960
	Leitfähigkeit (EM38)	1.5	1	1.5
	Monitoringpunkt (4*0.25m²)	1	1	1
Pflanze	Reflektionssensor (bei v = 3 m/s)	3	24	72
	Ertragsmessung (bei v = 1.5 m/s)	1.5	7.5	11.25

Aus den Daten der Tabelle 2-2 werden recht unterschiedliche Areale ersichtlich, die sich bei sensortechnischer Erfassung auch in Abhängigkeit von der Fahrgeschwindigkeit, ausgedrückt in der zurückgelegten Wegstrecke (Länge), ändern können. Die Breite ist technisch bedingt (z.B. Schneidwerksbreite) und daher maschinenspezifisch konstant. Für weiterführende Auswertungen ist eine Interpolation und Verschneidung aller erfassten Informationen pro Fläche notwendig. Im eigenen Projekt steht der mehrjährige Vergleich von Bodenbearbeitungssystemen im Vordergrund, daher soll hier die durch den Mähdrescher geerntete Fläche pro Sekunde als Bezug dienen, diese beträgt in Tabelle 2-2 etwa 11 m^2. Für die eigenen Betrachtungen wurde ein Grid von 3*3 m gewählt, da dies die nächst kleinere, quadratische Flächeneinheit darstellt. Mittels geostatistischer Interpolation, die nachfolgend beschrieben werden soll, wurden alle Datenpunkte in Grids überführt. Aus den einzelnen Grids der Maßnahmen kann dann eine Datenbank erzeugt werden, die alle notwendigen Informationen in einem Raster (3*3 m) enthält.

Aufbereitung der Geodaten

Auf dem Feld gewonnene Messdaten (Boden, Biomasse) stellen im Allgemeinen Stichproben dar, da es unter wirtschaftlichen und produktionstechnischen Gesichtspunkten nicht immer möglich ist, die komplette Grundgesamtheit zu erfassen (vgl. Webster et al., 2001). Einzig die Erfassung der Erntemenge eines Schlages mittels Ertragerfassung bildet die Grundgesamtheit des Feldes ab.

Die Darstellung und Verschneidung der Datensätze erfolgt durch verschiedene Interpolationsmethoden. In der Literatur (vgl. Webster et al., 2001; Golden Software Inc., 2002) werden verschiedene Methoden zur Übertragung (Interpolation) von punktuell erfassten Messwerten in die nicht erfasste Fläche vorgestellt.

Speziell die Methoden Inverse Distance to a Power und Kriging haben sich für die Interpolation von Daten, die nicht in einem starren Raster erhoben wurden, durchgesetzt (vgl. Golden Software Inc., 2002). Der Vergleich dieser beiden Interpolationsmethoden hat in den Standardeinstellungen zu teilweise recht unterschiedlichen Mustern geführt. Die Kriging-Methode ist in der Standardeinstellung eine sehr leistungsfähige Methode mit sehr guter Ergebnisqualität (vgl. Schönwiese, 2000; Webster et al., 2001; Golden Software Inc., 2002). Dies hat zu einer breiten Akzeptanz bei Anwendern in Wissenschaft und Praxis geführt. Daher soll die Datenaufbereitung (Verknüpfung der Informationsebenen) ebenfalls nach vorheriger Interpolation mittels Kriging-Methode erfolgen.

Alle Interpolationen setzen eine hohe Qualität der Rohdaten voraus, daher wurden zunächst alle Daten auf Plausibilität überprüft. Die Messwerte der Ertragskartierung werden bereits auf dem Feld durch das Wiegen bei der Getreideannahme referenziert. Zusätzlich wird vor der Datenauswertung eine Niveauangleichung zwischen den real gewogenen und den mit dem Massenfluss-Sensor erfassten Kornerträgen durchgeführt. Die verbleibenden Rohdatenpunkte werden auf Messfehler hin überprüft. Dies erfolgt mittels verschiedener Standardabweichungsfilter, die im Geografischen Informationssystem bereits integriert sind (vgl. SST, 2002).

Alle Daten werden so gleichermaßen um mögliche Messfehler bereinigt. Diese Bereinigung führt zu qualitativ hochwertigen Ergebnissen mittels Interpolation. Die Ergebnisse der Interpolation bilden die natürlich vorhandene Variabilität in der betrachteten Fläche gut ab und vermitteln so auch Eindrücke in nicht bonitierten Flächenteilen (vgl. Webster et al., 2001; Ludowicy et al., 2002).

Versuche auf Praxisschlägen mit großer Fläche bedingen eine Vielzahl von Daten. Innerhalb einer Variante sind so je nach Flächengröße mindestens 500 Datenpunkte mit einer Bezugsfläche von 9 m² vorhanden. Jeder Datenpunkt und die darin enthaltene Information ist Bestandteil der Grundgesamtheit (n).

In der Literatur (vgl. Herbst, 2002; Treue, 2002) sind bereits Möglichkeiten zur Klassifikation teilflächenspezifisch erfasster Daten vorgestellt. Sie werden zu so genannten „Management Units" oder „Bewirtschaftungseinheiten" zusammengefasst, um so eine teilflächenspezifisch angepasste Bewirtschaftung zu ermöglichen. Die Variationsbreite der Information in solchen Einheiten hängt von der Teilflächengröße, aber auch von der Anzahl der erfassten Messwerte ab.

Die Informationen des Bodens werden zur Bildung von Teilflächen (Klassen) genutzt. Es werden Klassen aus Leitfähigkeit oder Textur gebildet, um bei unterschiedlicher Bodenbearbeitungsintensität die Ertragsergebnisse von Teilflächen gleichen Bodens miteinander zu vergleichen. Eine Vergleichbarkeit zwischen mehreren Messungen zu verschiedenen Zeitpunkten auf einem Feld oder auch feldübergreifende Betrachtungen machen entweder eine Niveauangleichung oder eine Relativbetrachtung notwendig.

Die Niveauangleichung (absolute Betrachtung) geht von dem Grundsatz aus, dass mehrere Messungen zu unterschiedlichen Terminen, an denen Wassergehalt und Temperatur nicht gleich sind, zu unterschiedlichen Messwerten führen. Diese Unterschiede sind aber in ihrer räumlichen Anordnung weitestgehend stabil. Messungen von Durlesser (2000) haben gezeigt, dass Zonen mit hohen und niedrigen Leitfähigkeiten räumlich stabil sind, einzig das Gesamtniveau der Messwerte kann zu- oder abnehmen. Dies wird durch den Wassergehalt im Boden bedingt. Bei der Niveauangleichung sollen Messungen an ein Referenzniveau angeglichen werden.

$$MW_k = MW \pm (Av_r - Av_k)$$

Dabei wird ein korrigierter Messwert (MW_k) aus der Differenz vom Referenzmittelwert (Av_r), abzüglich dem Durchschnitt der zu korrigierenden Messung (Av_k) errechnet und je nach Niveau zum Messwert (MW) addiert oder subtrahiert. Diese Angleichung kann auch bei feldübergreifenden Betrachtungen angewendet werden, wird jedoch mit zunehmender Entfernung vom Referenzfeld problematisch.

Daher scheint eine Relativbetrachtung für die Zielstellung in der eigenen Arbeit, nämlich die Erfassung von Ertragsunterschieden der konventionellen und konservierenden Bodenbearbeitung, sinnvoller. Hierbei wird anhand von Messwerten des EM38 eine Klassifikation vorgenommen. Die Klassifikation sollte nach mathematischen Ansätzen mindestens 3 Klassen enthalten. Je kleiner das Intervall einer Messwertklasse ist, desto größer ist die Variabilität zwischen den Klassen. Für diese Arbeit wurde eine 5-fach-Klassifikation verwendet, mit gleicher Intervallgröße über die Messwerte. Dabei ist Klasse A immer die geringste und der Klasse E immer die höchste Leitfähigkeit zugeteilt worden, so dass die leichteren Bodenarten immer in A und die schwereren immer in E zu finden sind.

Diese Relativbetrachtung führt zu einer Vergleichbarkeit in zeitlicher als auch in räumlicher Hinsicht und hat für den Ansatz einer teilflächenspezifischen Betrachtung eine Bedeutung.

3 Ergebnisse

Die Ergebnisse der Standortkartierung Oppendorf und die teilflächenspezifische Auswertung sollen in den beiden folgenden Kapiteln betrachtet werden. Zusätzlich sollen die Daten der Monitoringpunkte zur Unterstützung der Aussagen genutzt werden.

3.1 Kartierung des Standortes Oppendorf nach Höhenlinien, Bodentexturkarte, EM38, Biomasse und Ertragskartierung

Der Standort ist durch eine Vielzahl von Faktoren in seiner Heterogenität geprägt. Nachfolgend sollen die für den Standort Oppendorf relevanten Parameter (Höhenlinien, Textur, Biomasse und Ertragskartierung) dargestellt werden. Sie werden daran anschließend für weitere Auswertungen genutzt.

Höhenlinien

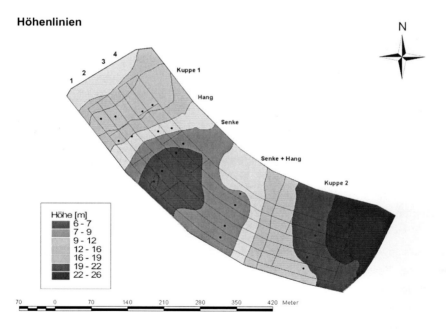

Abbildung 3-1: Höhenkarte mittels GPS bei der Bodenbearbeitung gemessen des Standortes Oppendorf mit Versuchsgliedern und Monitoringpunkten (Kriging, 3*3 m Raster, zu Polygonen umgewandelt)

Der Standort Oppendorf weist deutliche Unterschiede nach Relief und Boden auf (siehe auch Kapitel 2.4.1). Die Höhenlinien schwanken zwischen 6 und 26 m über Normalnull (siehe Abbildung 3-1). Der Anteil der Reliefklassen von 6 bis 12 m ist mit 50,9 % am größten. Die Reliefklassen von 18 bis 26 m erreichen auf dem Standort einen Anteil von 27,7 %. Das Relief, als eine ertragsbestimmende Einflussgröße im östlichen Hügelland Schleswig-Holsteins, soll als erstes teilflächenspezifisches Kriterium genutzt werden.

In der nachfolgenden Abbildung 3-2 ist die mit dem GPS-Empfänger während der Bodenbearbeitung gemessene Höhe einer Fahrspur dargestellt.

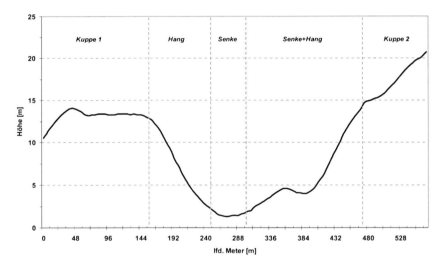

Abbildung 3-2: Höhenlinie einer Fahrspur in der Variante „konservierend aktiv"

Die Fahrspur weist Höhenunterschiede in kurzer Folge im Nord-Süd Verlauf auf. Die einzelnen Teilflächen Kuppe 1 und 2, Hang, Senke und Senke mit Hang wurden nach den Höhenmetern klassifiziert. Der Kurvenverlauf veranschaulicht, wie sich nach kurzen Fahrstrecken die Höhenwerte ändern.

Die in Abbildung 3-2 gewählten Reliefklassen (Kuppe 1, Hang, Senke, Senke+Hang und Kuppe 2) enthalten pro Klasse mindestens 750 Datensätze. Das Relief ist typisch für die Region des östlichen Hügellandes in Schleswig-Holstein. Zwischen der Senke als tiefsten Reliefpunkt der Versuchsfläche und der Kuppe 2 als höchsten Punkt liegt innerhalb einer Strecke von 200 m ca. 15 m Höhenunterschied. Daraus ergibt sich eine mittlere Steigerung von 7%. Diese Heterogenität impliziert unterschiedliche Anforderungen an die Bodenbearbeitungstechnik, die nachfolgend u.a. in den einzelnen Versuchsjahren betrachtet werden soll.

Bodentexturkarte

Die einzelnen Teilflächen sind durch die Bodenheterogenität gekennzeichnet, die über die Profiltiefe gewichtet erfasst wurde. Im ersten Schritt wurde die Feldansprache mittels KA4 durchgeführt (siehe Abbildung 3-3).

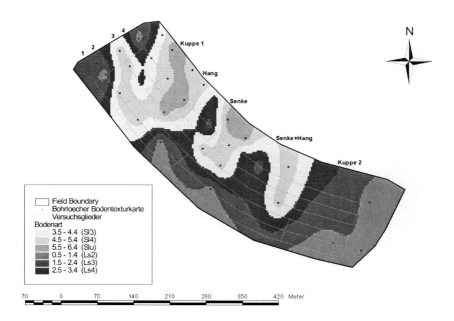

Abbildung 3-3: Einteilung des Standortes Oppendorf durch die Bodeninformatik Kiel von Lamp (2003) mittels Feldansprache der Textur über die Profiltiefe gewichtet dargestellt (Kriging, 3*3 m Raster)

Die Erstellung einer Bodentexturkarte (siehe Abbildung 3-3) erfolgte nach der „Kartieranleitung 4" (KA4). Die ermittelten Bodenarten reichen von Sl3 bis Ls4. Für die Interpolation wurde den Bodenarten jeweils eine Ganzzahl von 1 bis 6 zugewiesen, die mittels Kriging interpoliert wurden. Das Ergebnis der Interpolation ist in Abbildung 3-3 dargestellt. Die Ganzzahl 4 ist beispielsweise für die Klasse Sl3 als Dezimalzahl und Texturklasse dargestellt, diese Klasse ist mathematisch von 3,5 bis 4,4 definiert. Die Bodenarten Ls2 bis Ls4 erreichen einen Gesamtanteil auf dem Standort von 54,7 %.

An jedem der eingetragenen Punkte wurde nach Bohrstockprobe eine Feldansprache durchgeführt. Danach reicht das Spektrum der Bodenart von Sl3 bis Ls4. Diese von Relief und Boden bedingte Heterogenität ist, wie im gesamten „Östlichen Hügelland" Schleswig-Holsteins, aufgrund der starken Beeinflussung („Überformung") durch die verschiedenen Eiszeiten gekennzeichnet. Diese führten zu fruchtbaren, aber stark wechselnden Böden, die dank des maritimen Klimas gut mit Wasser versorgt sind (vgl. Treue, 2002).

EM38

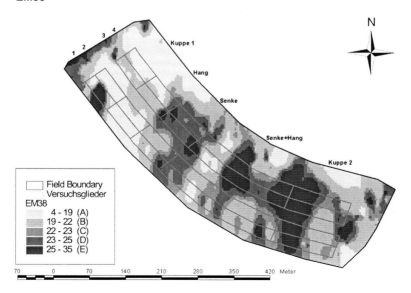

Abbildung 3-4: Leitfähigkeitsmessung mittels EM38 Oppendorf am 15.03.2003

Wie bereits im Kapitel 2.4.4 beschrieben, wurde die Versuchsfläche ergänzend mit EM38 kartiert (siehe Abbildung 3-4). Die Leitfähigkeitswerte reichen von 4 bis 35 mS/m.

Welche Bedeutung der Bodenleitfähigkeit zukommt, zeigen Untersuchungen von Reckleben (2004). Der Autor teilte einen Standort in Leitfähigkeitsklassen ein (siehe Abbildung 3-5). Diese Klassen dienen der relativen Vergleichbarkeit mit anderen Feldern und Standorten.

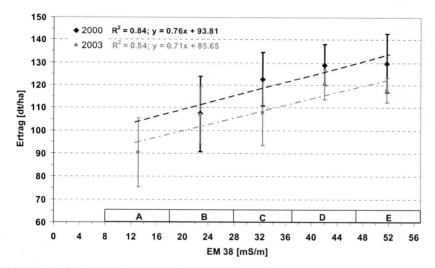

Abbildung 3-5: Erträge WW 2000 und 2003 im östlichen Hügelland nach Bodenklasse aus Leitfähigkeitsmessung mittels EM38 (nach Reckleben, 2004)

Aus der Abbildung 3-5 wird ein Zusammenhang zwischen der Leitfähigkeit des Bodens und dem Ertrag erkennbar. Die höchsten Leitfähigkeitswerte und Erträge sind in Klasse E und die geringsten Werte in Klasse A anzutreffen. Die Kartierung von Leitfähigkeit und Ertrag bietet über das Zusammenfassen von Einzelwerten den Überblick über die Struktur einer Fläche hinsichtlich Bodenqualität und Ertrag. Bei mehrjähriger Betrachtung lässt sich der Einfluss der Standortheterogenität unabhängig vom Jahreseinfluss darstellen. Bezieht man das Spektrum der EM38-Daten des Standortes Oppendorf in die Regression nach Reckleben für das gleiche

Versuchsjahr (2003) ein, so ist von hohen Ertragsschwankungen des Standortes von 89 dt/ha bis 111 dt/ha auszugehen.

Die Ergebnisse von Reckleben lassen die Aussage zu, dass nach der Auswertung der Ertragsdaten nach den unterschiedlich erfassten Kenngrößen eine positive Beziehung zwischen Boden und Ertrag entsteht. Die Erträge steigen in allen Betrachtungen mit zunehmender Bodengüte (Ackerzahl↑, Feinerdeanteil↑ und elektrischer Leitfähigkeit↑) an. Der Boden als Einflussgröße auf den Ertrag kann, den Ausführungen zufolge, durch verschiedene Ansätze beschrieben und in seiner Heterogenität (in Teilflächen) dargestellt werden. Eigenschaften wie die Textur haben einen großen Einfluss auf die Variabilität des Ertrages. Da diese Eigenschaften jedoch naturgegeben nur bedingt beeinflussbar sind, können Bewirtschaftungsmaßnahmen diese Heterogenität nicht völlig aufheben. Es besteht aber die Möglichkeit bei Kenntnis der Bodenheterogenität, alle anbautechnischen Maßnahmen zur Ertragsoptimierung zu nutzen.

Biomasse

Aus der Abbildung 3-6 ist der Infrarot-zu-Rot-Index der Teilflächen des Versuchsschlages Oppendorf zu erkennen. Der IR/R-Index wurde mit dem Yara N-Sensor im Fieldscan-Modus bei EC 30-32 gemessen und anschließend aus Reflektionsspektrum berechnet. Der IR/R-Index reicht von 1.2 bis 6.4. Der Hauptanteil der Messwerte liegt in der Klasse von 1.9 bis 2.4 mit 44,4 %.

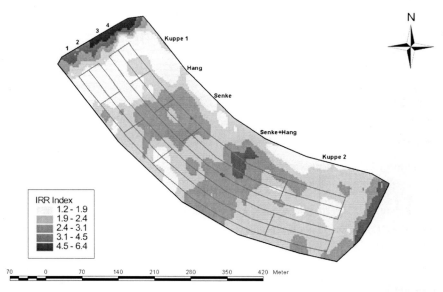

Abbildung 3-6: Biomassekarte (IR/R-Index) des Standortes Oppendorf im Frühjahr 2003 gemessen (Kriging, 3*3 m Raster)

Es sind deutliche Reliefeinflüsse festzustellen, vor allem hebt sich die Senke mit den höchsten Indexwerten hervor. Die Pflanzen in der Teilfläche Senke waren durch deutlichen Vorsprung in der Bestandesentwicklung durch den N-Sensor zu erkennen. Die Teilflächen Kuppen sind durch sehr geringe Indexwerte gekennzeichnet, bedingt durch geringere Tongehalte.

Ertragskartierung

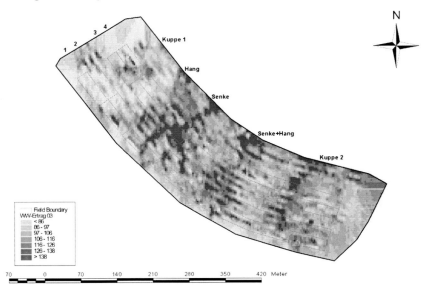

Abbildung 3-7: Ertragskarte Winterweizen 2002/2003 des Standortes Oppendorf (Kriging, 3*3 m Raster)

Die Abbildung 3-7 zeigt exemplarisch die flächenhafte Kartierung des Ertrages mittels GPS gestützter Durchsatzmessung im Mähdrescher. Auch hier zeigt sich ähnlich wie beim Biomasseindex (vgl. Abbildung 3-6) eine deutliche Differenzierung. Die Hochertragszonen (>116 dt/ha) sind mit dem Relief/Bodenart verknüpft (siehe Abbildung 3-5).

3.2 Monitoringpunkte

Aus den Höhenlinien leitet sich die Einteilung des Standortes Oppendorf in Reliefzonen ab. Aus fünf Reliefzonen und vier Versuchsvarianten ergeben sich 20 Monitoringpunkte. Die Tabelle 3-1 zeigt die an insgesamt 20 Monitoringpunkten erhobenen Daten zum Boden. Die Monitoringpunkte sind in Abbildung 3-8 grafisch dargestellt. Wegen der stark wechselnden Bodenverhältnisse gelten die Messwerte an den Monitoringpunkten nicht für den gesamten Reliefbereich.

Tabelle 3-1: Messwerte zur Boden/Flächeninformation der Monitoringpunkte

Relief	Messwert	Pflug		konservierend	
		aktiv	passiv	aktiv	passiv
Kuppe 1	Höhe [m]	18	18	18	18
	KA4	Ls4	Sl4	Sl3	Sl4
	EM38-Kl.	B	A	B	B
	IR/R-Index	1	1	2	2
Hang	Höhe [m]	15	14	12	12
	KA4	Sl4	Sl4	Slu	Slu
	EM38-Kl.	A	B	B	C
	IR/R-Index	2	2	2.2	3
Senke	Höhe [m]	6	6	7	9
	KA4	Ls2	Ls3	Sl3	Sl3
	EM38-Kl.	C	C	C	C
	IR/R-Index	2	2.2	2.9	2.5
Senke+Hang	Höhe [m]	9	9	9	11
	KA4	Ls3	Ls3	Ls4	Ls4
	EM38-Kl.	C	C	D	D
	IR/R-Index	3	2.9	3	3.2
Kuppe 2	Höhe [m]	20	21	22	23
	KA4	Ls2	Ls2	Ls3	Ls3
	EM38-Kl.	C	C	C	D
	IR/R-Index	2.6	2	2	2

Aus der Tabelle 3-1 wird ersichtlich, dass sich die Höhe entlang der Teilflächen verändert. Daran geknüpft ändern sich auch Bodeninformationen wie EM38-Klassen und Texturklassen und somit auch die Biomassedaten. Die Monitoringpunkte stellen Extreme für die jeweilige Teilfläche dar.

Der Senkenbereich besteht aus lehmigem Sand im gesamten Horizont. In einer Tiefe bis 75 cm ist erodiertes Material vom Hang zu finden. Der Bereich ist grundwasserbeeinflusst und daher als vergleyter Kolluvisol zu bezeichnen. Der Bereich der Senke mit Hang wird unterhalb der sandigen Ackerkrume lehmiger (mittelsandiger Lehm). Wassereinfluss ist ab 35 cm deutlich, der Bodentyp ist daher ein Pseudogley. Die Kuppe weist im Haupttyp (Bodenansprache bis 80 cm) ebenfalls Wassereinflüsse auf und wird anhand der Horizontierung als Parabraunerde-Pseudogley angesprochen. Die Bodenart der Kuppe ist lehmiger (sandiger bis stark sandiger Lehm) als die Bereiche Senke und Senke mit Hang. Im Unterboden bildet der schluffige Horizont die Stauschicht für das Infiltrationswasser, das den Boden prägt.

Im nachfolgenden Kapitel 3.3 sollen die erhobenen Daten des Standortes Oppendorf miteinander in Beziehung gesetzt werden.

3.3 Teilflächenspezifische Betrachtung der Ergebnisse am Standort Oppendorf

3.3.1 Feldaufgang auf den Teilflächen

Das Relief, ob Hang oder Senke, kann den Feldaufgang und damit die Pflanzenzahl im Herbst beeinflussen. Dies ist in den vier Versuchsjahren an den Monitoringpunkten erfasst. Daraus werden exemplarisch die Werte für das Jahr 1999/2000 in der Abbildung 3-8 dargestellt. In den übrigen Jahren besteht ein ähnliches Bild.

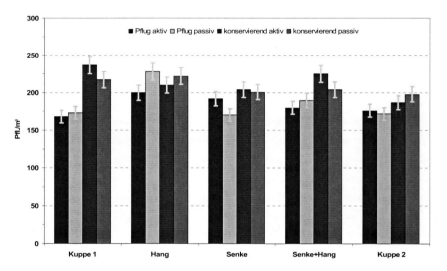

Abbildung 3-8: WW-Feldaufgang innerhalb der Reliefklassen 1999/2000

Auf der Kuppe 1 führt das Pflügen zu deutlich geringeren Feldaufgangzahlen des Winterweizens – unabhängig von der Sätechnik. Der Pflug hatte trotz des Packers den Boden sehr schollig hinterlassen. Die konservierenden Verfahren erzielen überdurchschnittliche Ergebnisse. Auf der zweiten Kuppe allerdings fällt dieser Unterschied nur gering aus. In den Senken treten nur geringe Differenzen auf, sicherlich aufgrund des homogenen und feuchten Bodens dieser Teilfläche. Nur die aktive Bestelltechnik nach dem Pflug fällt auf, da sie einmal mehr, einmal weniger Pflanzen hervorbringt.

Auf der Kuppe zeigt sich ein Anstieg der Pflanzenzahlen in den zwei konservierenden Varianten. Die konservierende Variante mit aktiver Bestelltechnik verzeichnet die höchsten Pflanzenzahlen, vor allem auf dem Reliefbereich Kuppe, was auf einen milderen Boden, bessere Auflaufbedingungen und eine günstigere Wasserversorgung dieser Teilflächen durch konservierende Bodenbearbeitung zurückgeführt werden kann.

Schon die Optik veranschaulicht den milderen Boden nach konservierender Bodenbearbeitung auf der Kuppe im Vergleich zur konventionellen Bodenbearbeitung. Dieser Unterschied tritt auf der Restfläche nicht so deutlich hervor.

3.3.2 MD-Ertrag auf den Teilflächen

Die unterschiedlichen Bodenverhältnisse und Feldaufgänge auf Kuppe, Hang und Senke (vgl. Abbildung 3-8) können sich auch im Ertrag widerspiegeln. Daher werden die Erträge nun aus den einzelnen Jahren mit den Kulturen dem Relief zugeordnet. Diese Daten stammen von den Ertragsmessungen mit dem Mähdrescher und beziehen sich also auf die gesamte Fläche.

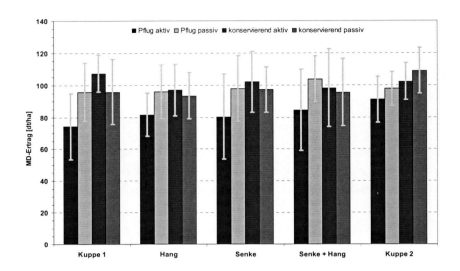

Abbildung 3-9: WW-Erträge der Varianten innerhalb der Teilflächen 1999/2000

Die Abbildung 3-9 zeigt, dass die Pflugvariante mit aktiver Bestellung auf allen Teilflächen weniger erntet. Dies kann auf eine Überlockerung des Bearbeitungshorizontes hinweisen. Eine zu tiefe Ablage des Saatgutes kann nach Abbildung 3-8 ausgeschlossen werden. Die passive Saatbettbereitung hat unabhängig von der Grundbodenbearbeitung zu vergleichbaren Erträgen geführt, einzig die aktive Bestellung nach konservierender Bearbeitung hat hier Ertragsvorteile gebracht. Besonders die ersten drei Teilflächen (Kuppe 1, Hang und Senke) zeigen hier eine Reaktion auf die konservierend aktive Variante.

Die Wintergerste in Abbildung 3-10 zeigt besonders auf der Kuppe 1 eine deutliche Reaktion in der Standardabweichung.

Ergebnisse

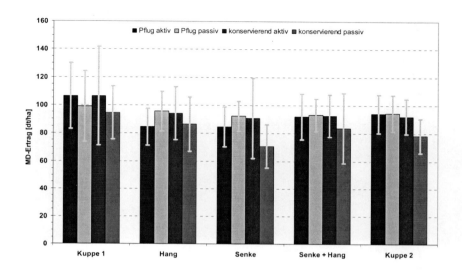

Abbildung 3-10: WG-Erträge der Varianten innerhalb der Teilflächen 2000/2001

Die Kuppe 1 hat hier Ertragsvorteile durch die aktive Bestellung unabhängig vom Bearbeitungssystem der Grundbodenbearbeitung mit sich gebracht. Es wird deutlich, dass diese Teilfläche in dem Jahr einen erheblichen Einfluss auf die Heterogenität hat, denn die Erträge reichen hier von 78 bis 140 dt/ha. In diesem Jahr ist auf den anderen Teilflächen die Variante Pflug passiv mit dem für diesen Standort erfolgreichsten Verfahren („konservierend aktiv") vergleichbar. Auf allen Teilflächen fällt das Verfahren „konservierend passiv" ab.

Der Winterraps zeigt bei der teilflächenspezifischen Betrachtung der Erträge folgendes Bild (vgl. Abbildung 3-11):

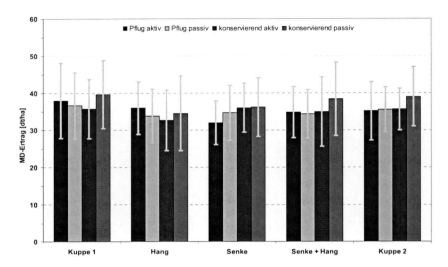

Abbildung 3-11: WR-Erträge der Varianten innerhalb der Teilflächen 2001/2002

Die konservierend passive Bearbeitung erbringt hier auf allen Teilflächen die höchsten Erträge. Besonders auf den letzten beiden Teilflächen zeigt die aktive Bestellung keine Unterschiede zwischen Pflug und Grubber. Die insgesamt hohen Standardabweichungen deuten auf andere Einflussgrößen (Schädlinge) hin. In diesem Jahr war der Schneckenfraß im erheblichen Umfang ertragswirksam, wie eigene Untersuchungen in Zusammenarbeit mit Wörz (2004) zeigen.

Im Versuchsjahr 2002/2003 steht erneut Winterweizen (vgl. Abbildung 3-12).

Ergebnisse

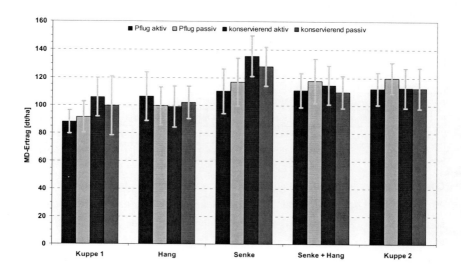

Abbildung 3-12: WW-Erträge der Varianten innerhalb der Teilflächen 2002/2003

Die Teilfläche Senke zeigt bei allen Varianten höhere Erträge, dies kann auf die anhaltende Trockenheit während der Bestandesentwicklung zurückgeführt werden. Die beiden konservierenden Bearbeitungsverfahren sind auf Kuppe 1 und in der Senke die erfolgreichsten Varianten. Diese Teilflächen stellen gleichzeitig die Extreme dar – Kuppe 1 niedrigste Erträge und Senke höchste Erträge. Die hohe Intensität der Lockerung durch den Pflug lässt hier das passive Verfahren besser abschneiden. Der Kreiselgrubber im aktiven Bearbeitungsverfahren führt bei der konservierenden Bestellung zu den höchsten Erträgen.

Die Variabilität der Erträge in den einzelnen Reliefklassen, bislang als Standardabweichung dargestellt, soll nun als Variationskoeffizient (VK=(Standardabweichung/Mittelwert)*100%) berechnet und für einen fruchtartunabhängigen Vergleich genutzt werden.

Die Tabelle 3-2 zeigt die Variationskoeffizienten der Ertragsdaten nach Bodenbearbeitungsverfahren und Relief-Klassen selektiert. Die maximalen und minimalen Variationskoeffizienten innerhalb der Bearbeitungsvarianten über alle Versuchsjahre sind für den Vergleich farblich hervorgehoben.

Tabelle 3-2: Vergleich der Variationskoeffizienten [%] (Ertrag) nach Relief in den Versuchsjahren (Formel siehe S. 52)

Relief	Pflug								Konservierend							
	aktiv				passiv				aktiv				passiv			
	99/00	00/01	01/02	02/03	99/00	00/01	01/02	02/03	99/00	00/01	01/02	02/03	99/00	00/01	01/02	02/03
Kuppe 1	28.11	21.93	26.79	**9.432**	18.84	**25.40**	**8.79**	12.11	10.69	**32.87**	22.30	13.19	21.18	19.94	23.16	21.17
Hang	16.62	15.43	19.74	16.45	17.30	14.80	21.34	13.79	16.41	20.11	25.06	14.83	15.36	22.36	29.18	11.39
Senke	**33.32**	16.62	18.24	14.66	20.93	11.39	21.34	14.72	18.48	31.55	18.32	**10.62**	14.48	21.79	21.99	10.88
Senke+Hang	30.14	17.71	19.77	11.06	13.59	12.47	19.09	13.44	24.78	16.21	26.67	12.16	21.90	29.83	**25.81**	**10.64**
Kuppe 2	15.84	14.39	22.3	10.35	10.79	13.75	17.25	9.15	11.03	13.57	15.72	12.63	12.92	15.57	20.50	13.15

Die Tabelle 3-2 zeigt in einigen Jahren deutliche Variationskoeffizienten von mehr als 20 %. Das lässt darauf schließen, dass die Klasseneinteilung nach Höhenmetern zu sehr großen Teilflächen führt. Die Variabilität innerhalb dieser Teilflächen lässt hier andere Einflussgrößen (z.B. Textur) neben der Bearbeitungsintensität vermuten.
Die Varianten mit aktiver Bestellung zeigen die maximale Streuung zwischen der Kuppe 1 und der Senke. Die passiven Bestellverfahren hingegen zeigen eine andere Verteilung der Extreme, beim Pflug passiv ist es die Kuppe 1 und bei der Konservierend passiv ist es die Relief Klasse Senke+Hang. Im einzelnen Jahr sind nicht immer eindeutige Trends zugunsten einer Reliefklasse zu finden, ausgenommen in der konservierenden Bearbeitung im letzten Versuchsjahr, wo die Variationskoeffizienten von der Kuppe zur Senke kleiner werden.

Die Auswertung der Variationskoeffizienten nach den Texturklassen und EM38-Klassen zeigen vergleichbare Bilder, was eine hohe Sorgfalt bei der Definition von Klassengrenzen erfordert. Die konservierende Bodenbearbeitung hat in den einzelnen Versuchsjahren keine Verringerung der Variabilität im Ertrag zur Folge, so dass auf eine weiterführende Betrachtung der Variationskoeffizienten innerhalb der Arbeit verzichtet wird.

3.3.3 Biomasse auf den Teilflächen

Die flächendeckende Kartierung der Bestandesentwicklung ist mit dem Reflektionssensor für Weizen im Frühjahr 2003 bei EC30/32 durchgeführt. Diese Methode kennzeichnet die Dynamik des Wachstums auf den Teilflächen.

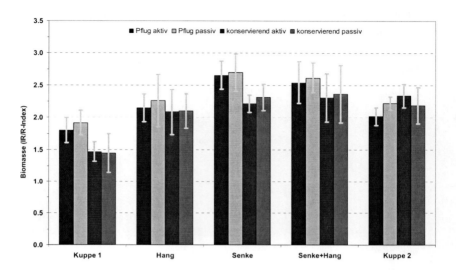

Abbildung 3-13: Biomassemessungen bei Weizen (IR/R-Index) innerhalb der Teilflächen (15.04.2003 bei EC30/32)

Die Senke hat die höchsten Messwerte (>2,5) zu verzeichnen, was auf eine ausreichende Mineralisierung des organischen Stickstoffs im Boden schließen lässt (vgl. Abbildung 3-13). Umgekehrt mag darin der Grund liegen, dass die Kuppe relativ wenig Biomasse aufweist. Auf fast allen Teilflächen hat das Pflugverfahren zu einer zügigen Entwicklung geführt. Insgesamt ist der Bestand jedoch relativ schwach entwickelt, da kein Infrarot/Rot-Messwert über 3,0 liegt. Arbeiten von Reusch (1997) und Thiessen (2002) weisen darauf hin, dass der Bestand zum Entwicklungsstadium EC30/32 (2. N-Gabe) erst ab Biomasse-Messwerten von über 3,0 als ausreichend entwickelt gilt.

3.3.4 Ertrag und Biomasse in Beziehung zur Textur nach KA4

Nachfolgend sollen die Bodeninformationen der Feldansprache und der EM38-Messungen genutzt werden und mit dem Ertrag und der Biomasse in Beziehung gesetzt werden. Nicht alle Bodenarten oder –klassen sind gleichmäßig auf dem Schlag verteilt, daher sind nicht in allen Varianten alle Klassen zu finden. Das

Klassifikationsmerkmal Textur nach KA4 enthält mindestens 250 Datensätze pro Klasse, bei den Bodenklassen nach EM38 sind es sogar mehr.

In Abbildung 3-14 werden die Erträge des Winterweizens 1999/2000 exemplarisch dargestellt, um die Möglichkeiten der teilflächenspezifischen Auswertung zu zeigen.

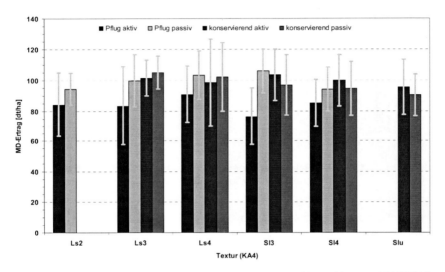

Abbildung 3-14: WW-Erträge der Varianten innerhalb der Texturklassen 1999/2000

In der Abbildung 3-14 fallen die Erträge der Pflugvariante mit aktiver Bestelltechnik im Vergleich zu den anderen deutlich ab. Besonders auf den Teilflächen Ls3 und Sl3 wird diese Differenz deutlich. Die konservierenden Varianten sind auf den mittleren Bodenklassen recht einheitlich. Auf den lehmigeren Teilflächen (Ls3 und Ls4) ist die passive Bestelltechnik nach dem Grubber besser als die aktive Bestelltechnik. Auf den leichteren Teilflächen (Sl3 bis Slu) wendet sich das Verhältnis. Die konservierende Bearbeitung mit aktiver Bestelltechnik erbringt geringfügig höhere Erträge als die passive Saat.

Ergebnisse

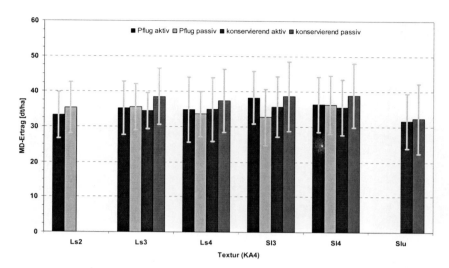

Abbildung 3-15: WR-Erträge der Varianten innerhalb der Texturklassen 2001/2002

Der Raps reagiert auf die unterschiedlichen Bearbeitungsvarianten in den verschiedenen Texturklassen recht einheitlich. Die Standardabweichung – also die Streuung der Messwerte – ist gleich bleibend hoch. In den mittleren Texturklassen Ls3 bis Ls4 weicht die konservierende Variante mit passiver Bestelltechnik nach oben ab.

Nachfolgend soll die Biomasse mit den Texturklassen verglichen werden (vgl. Abbildung 3-16).

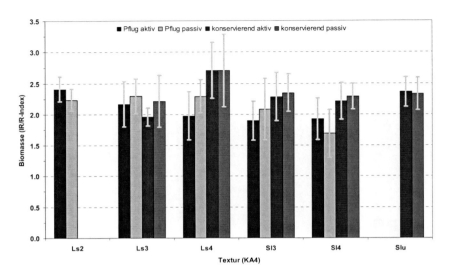

Abbildung 3-16: Biomasseindex (IR/R-Index) bei Weizen innerhalb der Texturklassen 2002/2003

Die Teilflächen zeigen ein gleiches Niveau an Biomasse. Unterschiede folgen nicht aus der Bodenart, sondern aus der Bearbeitung. Besonders fällt Ls4 auf. Auf den Teilflächen Sl3 und Sl4 nimmt die Bestandesdichte mit abnehmender Bearbeitungsintensität zu, was auf eine bessere Bodenstruktur und bessere Wasser-/Nährstoffverfügbarkeit hindeutet.

3.3.5 Ertrag und Biomasse nach EM38-Daten

Die Definition der Teilflächen erfolgt hierbei anhand der für den Schlag mittels EM38 gemessenen Bodenleitfähigkeit, die in 5 Klassen (A bis E) mit gleicher Intervallgröße bzw. Klassengröße zusammengefasst wird. Dabei ist Klasse A die mit der geringsten und E die mit der höchsten Leitfähigkeit. Nicht alle Varianten beinhalten alle fünf EM38-Klassen, daher werden die Verfahren in den jeweils vorhandenen Bodenklassen ausgewertet.

Die teilflächenspezifische Auswertung der Standardabweichungen der Erträge dieses Versuches im Bezug auf die Bodenheterogenität (Bodenklassen) ergab folgendes Bild: über alle Teilflächen betrachtet, fällt die ertragreiche Klasse E mit etwa 10 dt/ha höherem Ertrag in den konservierenden Verfahren aus dem Rahmen. Von der Bearbeitung geht ein deutlicher Effekt aus. In allen Varianten findet sich der bereits früher veranschaulichte Effekt vom Pflug mit aktiver Bestelltechnik wieder.

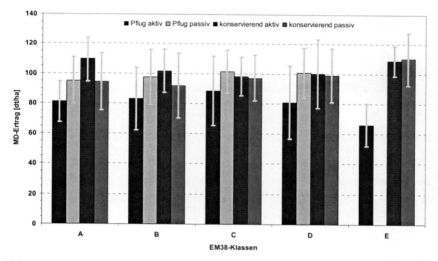

Abbildung 3-17: WW-Erträge der Varianten innerhalb der EM38-Klassen 1999/2000

In den Klassen A und B weist die Variante „konservierend aktiv" geringe Vorteile auf. Die Bodenklassen mit der geringsten Leitfähigkeitswerte A und B haben hier hohe Erträge für die konservierend aktive Bestellung erbracht, was auf diesen Teilflächen einen zusätzlichen Lockerungs- und Mischeffekt bedeutet. Die Variante Pflug aktiv fällt hier über alle Teilflächen deutlich (>10 dt/ha) ab. Die konservierenden Verfahren haben auf der besten Teilfläche E die höchsten Erträge erzielt.

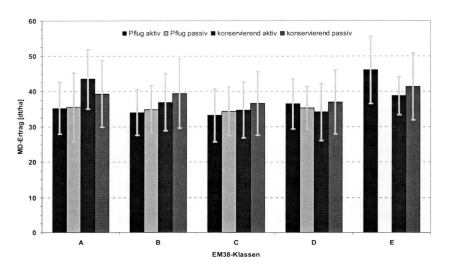

Abbildung 3-18: WR-Erträge der Varianten innerhalb der EM38-Klassen 2001/2002

Die Rapserträge reagieren auch nur in der obersten Klasse auf die EM38-Einstufung. Im mittleren Bereich (B bis D) deutet sich ein Trend zur konservierenden passiven Bodenbearbeitung und Bestellung an. Auf der leichten Klasse A sind die Erträge im Raps bei der konservieren aktiven Bestellung am höchsten, einzig auf der EM38-Klasse E – mit der höchsten Leitfähigkeit – sind die Erträge zu Gunsten der intensiven Lockerung mit Pflug und aktiven Bestellung ausgefallen. Die Standardabweichung als Maß für die Variabilität der Messwerte zeigt in allen Varianten eine starke Streuung, was neben der Bodenbearbeitung und Bestellung auch auf andere Einflussfaktoren auf den Ertrag hindeutet.

Der heterogene Ertrag von 26 bis 54 dt/ha beim Raps hinterlässt auch unterschiedliche Mengen an Ernterückständen und damit organisch gebundenen Nährstoffen auf dem Acker. Was für das Folgejahr und damit die Folgefrucht Weizen besonders im Frühjahr zu unterschiedlichen N-Gehalten im Boden führt und damit das Frühjahrswachstum beeinflusst (vgl. Abbildung 3-19). Außerdem hat die große Menge an organischer Substanz auch zu einem erhöhten Schneckenrisiko geführt (vgl. Wörz, 2006).

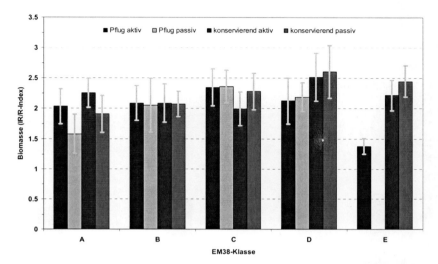

Abbildung 3-19: Biomasseindex (IR/R-Index) innerhalb der EM38-Bodenklassen 2002/2003

Das Gesamtbild (siehe Abbildung 3-19) weist einen Anstieg der Biomasse vom schwachen zum starken Teil des Ackers auf. Die Bearbeitung wirkt sich verschieden aus. In der Klasse A fällt in beiden Fällen die passive Bestellung deutlich ab, in den übrigen lässt sich keine Differenz nachweisen. In den Klassen D und E – also Böden mit einem höheren Feinerdeanteil – wächst in den konservierenden Varianten die meiste Biomasse. Die nicht wendende Lockerung bringt bei hinreichender Stroheinmischung das notwendige Krümelgefüge für die Saat. Eine zusätzliche aktive Saatbettbereitung bringt eine höhere Biomasse als die Pflugvarianten, einzig die passive Bestelltechnik erreicht noch höhere Werte.

3.3.6 Vergleich von Textur und EM38-Daten

Der Einfluss des Bodens auf die Bestandesentwicklung und den Ertrag wurde bereits mehrfach gezeigt. Nachfolgend sollen die auf den Standort Oppendorf gemessenen Texturen und EM38-Werte miteinander verglichen werden (vgl. Abbildung 3-20).

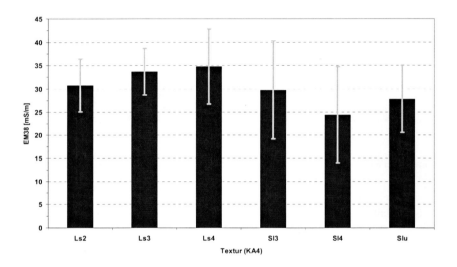

Abbildung 3-20: EM38-Werte innerhalb der Texturklassen

Die Gegenüberstellung der Textur nach Feldansprache zum EM38-Messwert zeigt, dass mit zunehmender Bodengüte (Ls3, Ls4) die Leitfähigkeit zunimmt. Besonders auf den leichteren Teilflächen (Sl3, Sl4) zeigt sich neben der Abnahme des EM38-Wertes eine Zunahme in der Standardabweichung. Diese Zunahme der Variabilität in den leichteren Texturklassen spiegelt die hohe Detailschärfe des EM38-Wertes – bedingt durch die hohe Messwertdichte – wieder. Das deutet darauf hin, dass die manuelle Bonitur einen höheren Stichprobenumfang erfordert – was in der landwirtschaftlichen Praxis mit einem höheren Aufwand verbunden ist. Das EM38-System eignet sich für eine Standortbeschreibung sehr gut, da es frei von subjektiven Einflüssen ist. Unter Berücksichtigung von Wassergehalt und Bodentemperatur liefert das Messgerät reproduzierbare Ergebnisse.

3.4 Pflanzendichte und Ertrag an den Monitoringpunkten

Im Nachfolgenden werden die gemittelten Ergebnisse für die gesamte Fläche der Bearbeitungsvarianten gemäß der Fruchtfolge über die vier Versuchsjahre dargestellt und anschließend zusammengefasst. Der Vergleich umfasst den Pflanzenbestand im Herbst als Kriterium für den Feldaufgang sowie vor der Ernte als Bestandteil der Ertragsbildung. Der Ertrag und die Einzeldaten zur Bestandesentwicklung beruhen auf der manuellen Messung der Monitoringpunkte. Sie ergänzen die Daten der Ertragserfassung des Mähdreschers punktuell in ausgewählten Situationen.

3.4.1 Winterweizen 1999/2000

Tabelle 3-3: Winterweizen 1999/2000 (Saatstärke: 185 Körner/m², Sorte: Ritmo)

Zeitpunkt	Saatbett / Bestandsstruktur	Pflug aktiv	Pflug passiv	Konservierend aktiv	Konservierend passiv
BD Herbst	MW [Pfl./m²]	183	187	213	208
	VK [%]	7	13	9	5
BD Ernte	MW [Ä/m²]	436	489	497	565
	VK [%]	8	11	9	15
Ernte	MW [dt/ha]	83	100	101	98
	VK [%]	8	4	5	6
Ährengewicht	[g/Ähre]	1,90	2,04	2,03	1,74

GD Ertrag: 2 dt/ha

Der Winterweizen wurde am 20.09.1999 ortsüblich gedrillt mit 185 Körner/m². Daraus entwickelten sich 183 bis 213 Pflanzen/m² (siehe Tabelle 3-3). Die höhere Pflanzenzahl ist durch Altaufschlag zu erklären. Die konservierenden Varianten weisen eine um 15 % höhere Bestandesdichte im Herbst auf. Sie sind besser entwickelt. Die Vorfrucht Winterraps hinterließ eine gare Bodenstruktur mit geringerem Strohaufkommen.

Der Verzicht auf das Wenden des Bodens – Pflügen arbeitet grobschollingen Boden hoch – hinterlässt als konservierende Bodenbearbeitung ein feinkrümeliges Saatbett. Der weitere Verlauf der Bestandesentwicklung verlief in den einzelnen Beständen bis zur Ernte in etwa gleich.

Die Weizenerträge zeigen ein ähnliches Bild wie die Bestandesdichten. Nach dem Einsatz der passiven Bestelltechnik in der konventionellen Variante mit 100 dt/ha und konservierenden Variante mit 98 dt/ha wurden insgesamt geringfügig höhere Erträge als nach aktiver Bestellung (Pflug aktiv mit 83 dt/ha und konservierend aktiv mit 101 dt/ha) erzielt. Die Anzahl ährentragender Halme deutet schwach auf den Ertrag, wie das Ährengewicht belegt. Hoher Pflanzenbestand zur Ernte ergibt keinen entsprechenden Ertrag, das Ährengewicht fällt zu sehr ab auf 1,68 g.

Die Erträge weichen lediglich in der 1. Variante mit 83 dt/ha deutlich ab. Eine mögliche Ursache hierfür liegt in dem durch die Bestellung mit dem Kreiselgrubber überlockerten Saatbett, das zur Austrocknung geführt hat, die offenbar lange nachwirkt. Der Feldaufgang weist normale Pflanzenzahlen auf, dennoch fehlte es zur Ernte an ährentragenden Halmen. Bei den konservierenden Varianten hingegen erfolgt die Aussaat in direktem Anschluss an die Bodenbearbeitung. Etwas Altaufschlag erhöht die Pflanzenzahl gegenüber der Saatmenge.

3.4.2 Wintergerste 2000/2001

Tabelle 3-4: Wintergerste 2000/2001 (Saatstärke: 180 Körner/m², Sorte: Theresa)

Zeitpunkt	Saatbett / Bestandsstruktur	Pflug aktiv	Pflug passiv	Konservierend aktiv	Konservierend passiv
BD Herbst	MW [Pfl./m²]	170	176	145	179
	VK [%]	15	8	11	25
BD Ernte	MW [Ä/m²]	598	614	625	551
	VK [%]	5	6	8	16
Ernte	MW [dt/ha]	92	94	98	84
	VK [%]	9	1	14	13
Ährengewicht	[g/Ähre]	1,55	1,54	1,57	1,53

GD Ertrag: 3 dt/ha

Die Wintergerste ist ortsüblich am 11.09.2000 mit 180 Körner/m² gedrillt worden. Die Pflanzenzahl weicht nach der Aussaat mit dem Kreiselgrubber in der konservierenden Variante deutlich um etwa 20 % von dem ansonsten gleichen Niveau ab. Allerdings weist der hohe VK auf einen ungleichmäßigen Feldaufgang hin. Dieser Abfall der konservierenden Bodenbearbeitung bei der Pflanzenanzahl im

Herbst ist bis zur Ernte jedoch wieder ausgeglichen. Begründet liegt dieser Abfall in der zu flachen Saatgutablage mit einem Mittelwert von 1,8 cm. Die richtige Saatgutablage in den konventionellen Varianten (aktiv 3,4 cm und passiv 2,5 cm nach Bodenhobel, vgl. Fritzler et al., 2003) reichte aus, um die Saat durch Bodenrestfeuchte zum Keimen zu bringen.

Die konservierende Bodenbearbeitungsvariante mit passiver Bestelltechnik erzielte – trotz der flachen Ablage von 1,8 cm – eine mit 179 Pflanzen/m² vergleichbar gute Bestandesdichte wie die konventionellen Varianten. Unter durchschnittlichen Bedingungen hätten die zu flach gesäten Körner nur begrenzte Chancen zum Auflaufen gehabt. Leicht anhaltender Niederschlag an den Tagen nach der Aussaat, begleitet durch wenig Verdunstung durch niedrige Temperaturen, ermöglichte aber ein unerwartet gutes Auflaufen der zu flach und zu gering bedeckten Saat. Die geringere Pflanzenzahl zu Beginn der Vegetation wurde durch die Bestockung kompensiert.

Zur Ernte hat nur die konservierende Variante mit passiver Bestelltechnik diese Heterogenität bewahrt, verbunden mit einem beachtlichen Verlust. So ergibt sich ein 10 bis 15 % geringerer Ertrag als in den anderen Varianten, die ein hohes und gleichmäßiges Ertragsniveau erzielen mit insgesamt geringen Variationskoeffizienten. Dieser geringere Ertrag wurde auch vom Mähdrescher auf den Teilflächen ermittelt (vgl. Abbildung 3-12).

Die Ertragsergebnisse bestätigen die Bedeutung einer guten Saatgutablage und Bedeckung der Saat für die Pflanzenentwicklung und Ertragsbildung. Eine flachere Saatgutablage und schlechte Saateinbettung und Bedeckung des Wurzelansatzes hemmte die Pflanzenentwicklung bis zur Ernte.

3.4.3 Winterraps 2001/2002

Tabelle 3-5: Winterraps 2001/2002 (Saatstärke: 50 Körner/m², Sorte: Express)

Zeitpunkt	Bestands-struktur \ Saatbett	Pflug		Konservierend	
		aktiv	passiv	aktiv	passiv
BD Herbst	MW [Pfl./m²]	52	49	49	50
	VK [%]	19	21	26	37
Pflanzen	MW [Pfl./m²]	41	42	39	37
	VK [%]	17	20	11	18
Ernte	MW [dt/ha]	35	35	37	35
	VK [%]	8	3	8	6

GD Ertrag: 2 dt/ha

Der Winterraps wurde am 22.08.2001 mit einer Saatstärke von 50 Körner/m² gedrillt. Aus der Tabelle 3-5 wird ersichtlich, dass der Winterraps in allen Varianten homogen aufgelaufen ist und keine deutlichen Unterschiede in Bezug auf Bearbeitungsintensität und Bestelltechnik erkennen lässt. Offenbar ist kein Altraps aufgelaufen. Zur Saatzeit herrschten gleiche Bedingungen vor, die angesichts der regnerischen Wetterlage den Boden anfeuchteten. Der direkt nach der Saat fallende Regen hat die verfahrensspezifischen Unterschiede überdeckt.

Die auf den ersten Blick hohen Variationskoeffizienten weisen auf heterogene Bestände hin, insbesondere bei der konservierenden Variante mit passiver Bestelltechnik, obwohl diese sich durch eine gute Rückverfestigung auszeichnet.

Zu bedenken sind aber die mit 50 Körner/m² im Vergleich zu Getreide geringen Saatgutmassen, die eine erhebliche Herausforderung an die Dosiertechnik darstellen.

Eine analoge Situation spiegelt sich auch im Pflanzenbestand zur Ernte und im Ertrag wieder. Die Pflanzenanzahl ist um gut 10 Pflanzen über Winter zurückgegangen und liegt somit im üblichen Rahmen. Der Ertrag liegt auf einem gleichen Niveau, für alle Varianten.

3.4.4 Winterweizen 2002/2003

Tabelle 3-6: Winterweizen 2002/2003 (Saatstärke: 190 Körner/m², Sorte: Dekan)

Zeitpunkt	Saatbett / Bestandsstruktur	Pflug		Konservierend	
		aktiv	passiv	aktiv	passiv
BD Herbst	MW [Pfl./m²]	140	150	154	126
	VK [%]	56	16	26	43
BD Ernte	MW [Ä/m²]	425	441	480	455
	VK [%]	27	16	15	20
Ernte	MW [dt/ha]	105	109	110	112
	VK [%]	8	11	9	12
Ährengewicht	[g/Ähre]	2,48	2,48	2,30	2,47

GD Ertrag: 2 dt/ha

Der Winterweizen im Jahr 2002/2003 wurde mit einer Saatmenge von 190 Körner/m² bestellt. Daraus gingen 140 Pflanzen/m² hervor, mit Ausnahme der konservierenden Variante mit passiver Bestelltechnik mit lediglich 126 Pflanzen/m². In dieser wie der konventionellen Variante mit aktiver Bestelltechnik fällt eine deutliche Ungleichmäßigkeit auf, die aus der Bestelltechnik heraus nicht zu erklären ist. Dieser Abfall der Bestandesdichte lässt sich durch Schneckenfraß erklären, besonders auffällig wurde dieser an den Kuppen beobachtet.

Nach anhaltender Trockenheit – über einen Zeitraum von 5 Wochen vor der Bodenbearbeitung zu Winterweizen – hatte die Grundbodenbearbeitung mit Pflug und Grubber Mitte September relativ grobe Strukturen hinterlassen. Die groben Bodenverhältnisse und ihre Auswirkungen waren bis zum Frühjahr erkennbar, vor allem auf der Kuppe 2 konnte eine etwas verhaltene Entwicklung des Winterweizens festgestellt werden. Am stärksten von diesem Effekt war die konventionelle Variante mit aktiver Bestelltechnik in der Teilfläche Kuppe betroffen.

Zur Ernte haben sich die einzelnen Bestände angeglichen, sie sind insgesamt homogener geworden, ein Resultat gleicher, sehr hoher Ährengewichte. Lediglich die konventionelle Variante mit aktiver Bestelltechnik fällt geringfügig ab. Deren geringerer Ertrag ist das Ergebnis eines deutlichen Ertragabfalls an der Kuppe.

Im Vergleich zum ersten Versuchsjahr – ebenfalls Winterweizen – erzielt hier die insgesamt geringere Aussaatstärke einen höheren Ertrag, unabhängig betrachtet von Sorten- und Witterungseinflüssen. In beiden Fällen aber fällt die konventionelle Variante mit aktiver Bestelltechnik ab.

3.5 Fazit der Ergebnisse Standort Oppendorf

Die Heterogenität des Standortes, mit unterschiedlichen Methoden quantifiziert und mit dem Variationskoeffizienten beschrieben, zeigt ein sehr heterogenes Bild. Dies lässt die Annahme zu, dass die Variabilität der Erträge nicht eindeutig zugunsten einer Bearbeitungsvariante tendiert. Daher ist es nötig, nicht nur die Variabilität, sondern auch die absoluten Mittelwerte miteinander zu vergleichen.

Hierfür wurden in der nachfolgenden Tabelle 3-7 die Varianten mit der in den Einzeljahren ertragreichsten Variante (Konservierend aktiv) am Standort Oppendorf verglichen.

Tabelle 3-7: Vergleich der Varianten mit konservierend aktiv (=100%)

Zeitpunkt	Jahr	Pflug		Konservierend	
		aktiv	passiv	aktiv	passiv
Herbst	99/00	--	--	0	-
	00/01	++	++	0	++
	01/02	++	0	0	+
	02/03	--	-	0	--
Ernte	99/00	--	-	0	++
	00/01	--	-	0	--
	01/02	+	+	0	-
	02/03	--	--	0	--
MD	99/00	--	-	0	--
	00/01	--	--	0	--
	01/02	--	--	0	--
	02/03	--	-	0	++
Summe	Σ	3	3		4

-- viel geringer   - geringer   ++ viel höher   + höher

In der Tabelle 3-7 sind unterschiedliche Effekte durch vielfältige Ergebnisse für den Standort Oppendorf abzuleiten. Die vergleichende Darstellung beruht auf den relativen Unterschieden zur Variante „Konservierend aktiv". Die Differenzen werden mit +/- bezeichnet, jeweils in den Ertrag bildenden Faktoren. Es zeigt sich deutlich, dass vor allem die Bestandesentwicklung im Herbst, gerade bei Wintergerste und Winterraps, auf die Bodenbearbeitung reagiert. Ganz besonders der Pflug mit aktiver Bestellkombination hat hier eine bessere Bestandesentwicklung vorzuweisen, obwohl der Ertrag am Ende gleich geblieben ist.

Insgesamt scheint der Effekt auf den Ertrag entscheidend zu sein. Dieser wird dadurch ausgedrückt, dass die ermittelten Erträge über die erfasste Fruchtfolge addiert werden (vgl. Abbildung 3-21).

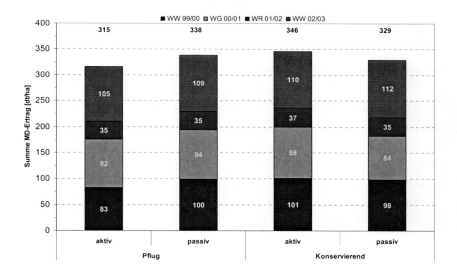

Abbildung 3-21: Erträge der Fruchtfolge – einzeln und kumuliert

Die konservierende Bearbeitung mit aktiver Bestelltechnik hat – kumuliert über Jahre – einen geringen Vorsprung erzielt. Dieser Vorsprung von 10 bis 15 dt/ha bzw. 2 bis 5% erscheint bedeutsam, muss aber auch im Hinblick auf die ermittelten Schwankungsbreiten der Ergebnisse gesehen werden. Auffällig ist die Variante Pflug aktiv (Säule 1), in der das nicht erklärbare Ertragsergebnis von nur 83 dt/ha Weizen im Jahr 1999/2000 das Gesamtbild prägt.

Der niedrige Ertrag der Wintergerste im Jahr 2000/2001 mit 84 dt/ha (Säule 4) ist dagegen erklärbar durch eine zu flache Saatgutablage nach passiver Bestellung, bedingt durch eine zu diesem Zeitpunkt noch nicht ausgereifte Technik. Diese war nicht in der Lage, die Saat ausreichend tief in einen harten, ausgetrockneten Boden abzulegen. Daraufhin wurde die Packerschartechnik weiter optimiert. Offenbar reagiert die Wintergerste auch stärker als die weiteren Fruchtfolgeglieder auf externe Einflüsse. So konnte bereits Wilde (2000) auf dieser Versuchsfläche die Sensibilität der Wintergerste auf Bodenbeanspruchung, in Abhängigkeit von Lagerungsdichte und Leitfähigkeit, feststellen.

Insgesamt lässt sich ableiten, dass der Verzicht auf das Pflügen den Ertrag nicht gemindert hat. Von Ausreißern abgesehen, werden gleichwertige Erträge in den Pflug- und Grubberverfahren geerntet. Der Winterraps zeigte sich im Verlauf der Vegetation in seinem Erscheinungsbild sehr homogen. Die Erträge der Versuchsvarianten lagen auf ähnlichem Niveau.

Diese Feststellung gilt auch für den Winterweizen und Wintergerste, wenn man von einem Minderertrag nach passiver Bestellung durch zu flache Saatgutablage absieht. Die Ergebnisse des Versuchsstandortes auf Oppendorf haben gezeigt, dass sich Winterweizen und Wintergerste sowohl an die reduzierte Bearbeitungsintensität als auch an die reduzierte Intensität der Bestelltechnik anpassen können. Wie bei Raps ist auch bei Getreide ein erhöhtes Ertragspotential bei gleichzeitiger Reduktion der Intensitäten denkbar. Das gilt als wertvolles Indiz zur Kosteneinsparung.

3.6 Ergebnisse Standort Petershof/Fehmarn

3.6.1 Winterweizen 1999/2000

Tabelle 3-8: Winterweizen 1999/2000 (Saatstärke: 230 Körner/m², Sorte: Ritmo)

Zeitpunkt	Bestands-struktur	Saat-bett	Bearbeitungsintensität							
			0 cm		6 cm		6 + 12 cm		6 + 12 + 20 cm	
			Meißelschar	Packerschar	passiv	aktiv	passiv	aktiv	passiv	aktiv
Herbst	MW [Pfl./m²]		345	224	357	291	393	268	324	299
	VK [%]		15	41	3	15	4	14	18	9
Ähren	MW [A/m²]		620	655	809	756	677	625	804	751
	VK [%]		17	27	11	12	9	7	7	6
Ernte	MW [dt/ha]		138	136	128	132	131	141	144	165
	VK [%]		5	5	10	5	3	3	5	14
Ährengewicht	[g/Ähre]		2,23	2,08	1,58	1,75	1,93	2,25	1,78	2,20

GD Ertrag: 4 dt/ha

Der Winterweizen (Stoppelweizen) wurde ortsüblich am 24.09.1999 mit einer Aussaatstärke von 230 Körner/m² gedrillt. Die Pflanzenzahl in den Varianten (siehe Tabelle 3-8) scheint ungewöhnlich hoch in Relation zur gesäten Körnerzahl. Die Ursache liegt im Durchwuchs. Darauf deutet der Unterschied zwischen aktiver und passiver Sätechnik. Die intensive Arbeit des Kreiselgrubbers hat aufgelaufene Pflanzen zum Teil vernichtet.

Zur Ernte liegt die Zahl Ähren tragender Halme etwa um das 2,5-fache höher, außer bei der Variante 6+12 cm, wo der sehr hohe Herbstbestand offenbar im Frühjahr reduzierte. Der Ertrag liegt generell mit 128 bis 144 dt/ha auf sehr hohem Niveau. In der gesamten Region wurden in diesem Jahr Rekordernten verzeichnet. Darüber hinaus erreicht die letzte, am intensivsten bearbeitende Variante sogar 165 dt/ha, und das durch ein hohes Ährengewicht. Die Ernte erfolge mit einem Parzellenmähdrescher, der im Kerndrusch die vier Partien (Kerne) pro Variante erntete, die einzeln verwogen wurden (vgl. Abb. 2-8). Insgesamt steigen die Erträge mit der Intensität, aber nur um wenige dt/ha. Stärker fällt der jeweils höhere Ertrag nach aktiver Bestellung mit geringerer Bestandesdichte, dafür höheren Ährenwichten auf. Hier wurde durch die Wirkung des Kreiselgrubbers bei der Bestellung ein Großteil des Ausfallgetreides vernichtet.

3.6.2 Winterweizen 2000/2001

Tabelle 3-9: Winterweizen 2000/2001 (Aussaatstärke 230 Körner/m², Sorte: Ritmo)

Zeitpunkt	Bestands-struktur	Saatbett	Bearbeitungsintensität							
			0 cm		6 cm		6 + 12 cm		6 + 12 + 20 cm	
			Meißelschar	Packerschar	passiv	aktiv	passiv	aktiv	passiv	aktiv
Herbst	MW [Pfl./m²]		159	163	178	233	222	209	234	232
	VK [%]		12	9	5	3	8	9	11	5
Ähren	MW [Ä/m²]		538	608	611	686	699	690	671	691
	VK [%]		13	8	6	5	7	3	3	4
Ernte	MW [dt/ha]		77	113	92	97	106	93	93	96
	VK [%]		9	12	7	8	7	5	9	9
Ährengewicht	[g/Ähre]		1,43	1,86	1,51	1,41	1,51	1,34	1,39	1,39

GD Ertrag: 3 dt/ha

Der Winterweizen (Stoppelweizen) wurde am 19.09.2000 gedrillt. Die Bestandesdichten im Herbst – mit Ausnahme der flachen Bearbeitung mit passiver Bestelltechnik – liegen bei 210 bis 230 Pflanzen/m². Die Pflanzenzahl entspricht der Saatstärke von 230 Körner/m², offenbar tritt hier nicht – wie im Jahr zuvor – der Effekt von Fremdaufwuchs ein. Der Effekt ist erklärbar durch günstigere Bedingungen zum Zeitpunkt der ersten, flachen Bearbeitung. Niederschläge und die Zeit sorgten dafür, dass viel Ausfallgetreide keimen konnte. Lediglich die flache Bearbeitung mit der passiven Bestelltechnik weist eine Einbuße auf, die auch zur Ernte besteht. Die aktiven und passiven Saat-Varianten unterscheiden sich nicht voneinander.

Beide Direktsaatvarianten (Intensität: 0 cm) liegen in den Bestandesdichten unter dem Niveau der bearbeiteten Varianten. Im Ertrag erzielt das Meißelschar das Minimum, das Packerschar das Maximum im gesamten Versuch. Insgesamt variieren die Ergebnisse unabhängig von der Intensität der Bodenbearbeitung. Das gegenüber dem Vorjahr geringere Niveau beruht auf der geringeren Ährenausbildung. Der Grund liegt darin, dass ein Teil der Versuchsfläche in diesem Jahr von starkem Ackerfuchsschwanzbefall betroffen war und dieser das Ertragsergebnis beeinflusste. Am stärksten betroffen waren die Intensivvarianten.

Ergebnisse 73

3.6.3 Winterweizen 2001/2002

Tabelle 3-10: Winterweizen 2001/2002 (Aussaatstärke 250 Körner/m², Sorte: Ritmo)

Zeitpunkt	Bestands-struktur	Saatbett	Bearbeitungsintensität						
			0 cm		6 cm		6 + 12 cm		6 + 12 + 20 cm	
			Meißelschar	Packerschar	passiv	aktiv	passiv	aktiv	passiv	aktiv
Herbst	MW [Pfl./m²]		171	106	261	215	306	249	273	252
	VK [%]		15	36	9	26	7	11	3	16
Ähren	MW [A/m²]		534	505	670	698	684	703	689	694
	VK [%]		15	18	12	7	4	11	11	11
Ernte	MW [dt/ha]		83	86	100	103	107	106	102	108
	VK [%]		9	9	7	6	1	1	2	3
Ährengewicht	[g/Ähre]		1,55	1,70	1,49	1,48	1,56	1,51	1,48	1,56

GD Ertrag: 2 dt/ha

Am 18.10.2001 wurde der Winterweizen (Stoppelweizen) mit einer Aussaatstärke von 250 Körner/m² gedrillt. Die Varianten mit passiver Bestelltechnik weisen höhere Bestandesdichten (siehe Tabelle 3-10) auf. Dieser Effekt beruht auf Lockerung durch den Kreiselgrubber, der die Verdunstung fördern kann, so dass in diesem Jahr weniger Restfeuchte im Boden verbleibt. Allerdings muss angemerkt werden, dass Bestandsdichten von über 250 Pflanzen/m² höhere Anteile von Altweizen beinhalten können, die durch den Einsatz des Kreiselgrubbers wirksamer reduziert werden können als durch die passive Bestelltechnik. Das Meißelschar hat wiederum einen besseren Feldaufgang als das Packerschar, denn es bringt die Saat gezielt auf die Ablagetiefe. Das Meißelschar legt das Korn unter die Strohmatte ab und legt es nicht in die Strohmatte hinein.

Ganz anders stellen sich die Bestandesdichten zur Ernte dar: Die dünneren Bestände haben sich stärker bestockt, so dass zur Ernte die Zahl Ähren tragender Pflanzen nivelliert ist. Zu vermuten ist, dass die dünneren Bestände nach aktiver Bestellung weniger Altweizenaufwuchs vorweisen und dadurch vitaler sind.

Die Erträge bewegen sich in einem relativ engen Spektrum. Es deutet sich ein leichter Vorteil für die Varianten mit aktiver Bestelltechnik an. Das mag auf der Nebenwirkung beruhen, da weniger Altweizen im Bestand ist. Die beiden Direktsaatvarianten fallen dagegen sehr stark ab.

3.6.4 Winterweizen 2002/2003

Tabelle 3-11: Winterweizen 2002/2003 (Aussaatstärke 240 Körner/m², Sorte: Ritmo)

Zeitpunkt	Bestands-struktur	Saatbett	Bearbeitungsintensität							
			0 cm		6 cm		6 + 12 cm		6 + 12 + 20 cm	
			Meißelschar	Packerschar	passiv	aktiv	passiv	aktiv	passiv	aktiv
Herbst	MW [Pfl./m²]		232	210	274	245	276	303	260	252
	VK [%]		15	28	7	14	5	6	7	4
Ähren	MW [Ä/m²]		359	369	496	495	488	511	534	530
	VK [%]		15	19	5	6	8	9	10	7
Ernte	MW [dt/ha]		71	74	85	85	92	92	95	95
	VK [%]		5	8	6	7	3	3	2	3
Ährengewicht	[g/Ähre]		1,98	2,01	1,71	1,71	1,89	1,80	1,78	1,79

GD Ertrag: 2 dt/ha

Der Winterweizen der Sorte Ritmo wurde am 21.09.2002 mit einer Aussaatstärke von 240 Körner/m² gedrillt. Die Herbstbestandesdichten zeigen in diesem Jahr keine deutlichen Unterschiede. Pflanzenzahlen oberhalb der gesäten Körner sind durch Durchwuchs zu erklären. Die höchste Anzahl Pflanzen erreicht laut Tabelle 3-11 mit 303 Pflanzen/m² die mittlere Variante mit aktiver Bestelltechnik. Die Endbestandesdichten liegen in diesem Jahr deutlich niedriger als in den Jahren zuvor, offensichtlich als Folge geringer Bestockung (unter 2). Ebenfalls liegt der Ertrag deutlich unter der gewohnten Höhe. Sehr niedrig sind die Erträge der Direktsaatvarianten.

Der flache Bearbeitungsgang erreicht 85 dt/ha, der 2-malige 92 dt/ha und der 3-malige 95 dt/ha, ohne dass ein Einfluss der Sätechnik auftritt.

Das in diesem Jahr unterdurchschnittliche Ertragsniveau auf Fehmarn liegt in der trockenen Witterung – bereits zum Zeitpunkt der Bestockung – begründet. So kann die in der Praxis verbreitete Meinung (vgl. Mumme, 2006), dass die minimale Bodenbearbeitung unter trockenen Verhältnissen vorteilig ist, durch diese Ergebnisse in diesem Jahr nicht bestätigt werden. So muss differenziert werden: Einerseits wird Bodenwassereinsparung durch geringere Bodenbearbeitungsintensitäten eingespart und andererseits beeinflusst die Lockerung die Pflanzenentwicklung.

3.6.5 Winterraps 1999/2000

Tabelle 3-12: Winterraps 1999/2000 (Aussaatstärke: 50 Körner/m², Sorte: Express)

Zeitpunkt	Saat-Bestands-bett struktur	Bearbeitungsintensität							
		0 cm		6 cm		6 + 12 cm		6 + 12 + 20 cm	
		Meißelschar	Packerschar	passiv	aktiv	passiv	aktiv	passiv	aktiv
Herbst	MW [Pfl./m²]	34	20	62	63	97	81	75	75
	VK [%]	26	22	13	4	14	15	15	8
Pflanzen	MW [Pfl./m²]	23	10	47	47	71	60	60	64
	VK [%]	15	32	18	9	17	12	20	8
Ernte	MW [dt/ha]	51	0	47	51	49	50	47	44
	VK [%]	2	0	8	2	5	7	12	15
Pflanzengewicht	[g/Pfl.]	22,2	0,0	9,9	10,9	6,9	8,4	7,8	6,9

GD Ertrag: 4 dt/ha

Der Winterraps wurde ortsüblich am 26.08.1999 mit einer Aussaatstärke von 50 Körner/m² gedrillt. Niedrige Bestandesdichten erreichen die Direktsaaten mit 34 und 20 Pflanzen/m². Beide Systeme erweisen sich für das hohe Ertragsniveau mit den hohen Strohmassen nach Weizen als ungeeignet. Die Variante mit Packerschar weist zudem große Lücken auf.

Auffallend hoch – deutlich höher als die Saatstärke – liegen die Bestandesdichten der sechs konservierenden Varianten. Es handelt sich dabei um Altraps, der hochgearbeitet wurde. Hier offenbart sich der Nachteil einer intensiv mischenden Bodenbearbeitung auf einem Standort mit einem hohen Anteil Raps (1/3) in der Fruchtfolge.

Über Winter hat sich der Bestand zurückgebildet, jedoch ohne spezielle Auffälligkeiten. Der Ertrag folgt in negativer Richtung der Pflanzenzahl, vermutlich wegen des geringeren Anteils von Durchwuchsrapspflanzen. Das Pflanzengewicht fällt von 10 auf 7 g. Somit liegen die Erträge nach 6 und 12 cm Lockerung praktisch gleich mit etwa 50 dt/ha, in der intensivsten Variante fallen sie ab, die Heterogenität ist höher.

3.6.6 Winterraps 2000/2001

Tabelle 3-13: Winterraps 2000/2001 (Aussaatstärke: 40 Körner/m², Sorte: Talent)

Zeitpunkt	Saat-Bestands-bett struktur	Bearbeitungsintensität							
		0 cm		6 cm		6 + 12 cm		6 + 12 + 20 cm	
		Meißelschar	Packerschar	passiv	aktiv	passiv	aktiv	passiv	aktiv
Herbst	MW [Pfl./m²]	33	7	58	63	69	74	70	55
	VK [%]	44	77	10	16	9	13	7	16
Pflanzen	MW [Pfl./m²]	23	8	49	53	58	65	59	51
	VK [%]	50	54	20	13	10	9	6	8
Ernte	MW [dt/ha]	51	0	52	52	53	52	52	52
	VK [%]	6	0	2	5	2	3	5	4
Pflanzengewicht	[g/Pfl.]	22,3	0,0	10,7	9,8	9,1	8,1	8,9	10,2

GD Ertrag: 3 dt/ha

Der Raps des 2. Versuchsjahres wurde mit 40 Körner/m² ortsüblich am 28.08.2000 gesät. Die Bestandesdichten im Herbst variieren von 55 bis 74 Pflanzen/m², für die konservierenden Varianten. Die Direktsaatvarianten erweisen sich als uneinheitlich.

Auch in diesem Jahr sind die dichten Bestände nur mit Durchwuchs zu erklären. Identifizieren lassen sich die Pflanzen, da sie zwischen den Reihen stehen. Zur Ernte stehen generell 10 Pflanzen weniger. Unabhängig von der Zahl, ob 51 oder 65, werden konstant 52 dt/ha geerntet.

Zwischen den Direktsaatsystemen erweist sich das Meißelschar als überlegen. Nach einem Feldaufgang von 33 Pflanzen/m² werden 23 Pflanzen/m² geerntet, während die Direktsaatvariante mit Packerschar wegen großer Bestandeslücken ausfällt. Beeindruckend ist mit 51 dt/ha der hohe Ertrag der Direktsaatvariante mit Meißelschar. Möglicherweise dadurch begründet, dass es sich um einen reinen Bestand ohne Altraps handelt.

3.6.7 Winterraps 2001/2002

Tabelle 3-14: Winterraps 2001/2002 (Aussaatstärke: 40 Körner/m², Sorte: Talent)

Zeitpunkt	Saat-Bestands-bett struktur	Bearbeitungsintensität							
		0 cm		6 cm		6 + 12 cm		6 + 12 + 20 cm	
		Meißelschar	Packerschar	passiv	aktiv	passiv	aktiv	passiv	aktiv
Herbst	MW [Pfl./m²]	10	8	44	66	51	61	67	69
	VK [%]	90	116	16	6	26	15	29	10
Pflanzen	MW [Pfl./m²]	5	3	34	43	43	53	43	45
	VK [%]	84	120	13	13	10	10	12	18
Ernte	MW [dt/ha]	0	0	47	42	48	46	38	41
	VK [%]	0	0	21	23	28	28	27	12
Pflanzengewicht	[g/Pfl.]	0	0	13,7	9,9	11,2	8,7	8,9	9,2

GD Ertrag: 4 dt/ha

Der Winterraps der Sorte Talent wurde am 30.08.2001 gedrillt. Die Bestandesdichten im Herbst liegen zwischen 44 und 69 Pflanzen/m². Die Direktsaatvarianten fallen praktisch aus und sind kaum auswertbar. Das Niveau der konservierenden Varianten ist auf einen hohen Anteil des aufgelaufenen Altrapses zurückzuführen, zunehmend mit der Intensität der Bodenbearbeitung. Bei einer Saatstärke von 40 Körner/m² sind alle sechs Varianten mit Bestandesdichten von über 35 Pflanzen/m² mit Altraps durchzogen – ein entscheidendes Problem von engen Fruchtfolgen mit hohen Rapsanteil und geringen Zeitspannen zwischen Ernte der Vorfrucht und Saat.

Zu erwarten wäre, dass mit häufiger Bearbeitung der Durchwuchsanteil zurückgeht. Tatsächlich trifft das jedoch nicht zu; offenbar holt die tiefe Bearbeitung keimfähige Körner nach oben, wie auch schon in den Jahren zuvor beobachtet wurde. Der „Vorrat" an Körnern ist beachtlich, wie das folgende Beispiel zeigt: 1% Mähdruschverlust als günstiger Wert bedeutet 40 kg/ha, also etwa 600 Körner/m², mehr als die 10-fache Aussaatmenge.

Altraps wintert allerdings stark aus, da seine Kälteresistenz abnimmt. Daher hat sich der Bestand in den Varianten auf ein einheitliches Niveau eingependelt, das allerdings noch leicht über der Saatmenge liegt. Lediglich eine der flach bearbeiteten Varianten fällt ab. Bedingt durch die hohe Auswinterung ergeben sich geringere Bestandesdichten zur Ernte, wobei es sich bei den reduzierten Pflanzen in der Regel um Altraps handelt. Dies ist von Nachteil für die Ertragserwartung betroffener Varianten.

Die relativ gleiche Pflanzenzahl zur Ernte führt dementsprechend zu unterschiedlichen Erträgen. Das mag an dem negativen Einfluss des Altrapses liegen. Ein dünner, reiner Herbstbestand führt zu höherem Ertrag. Durch das Auswintern sind die geringeren Erträge der intensiven (6+12+20 cm) Varianten zu erklären.

Die Direktsaatvarianten fallen in diesem Jahr vollständig aus wegen zu großer Lücken im Bestand.

3.6.8 Winterraps 2002/2003

Tabelle 3-15: Winterraps 2002/2003 (Aussaatstärke: 40 Körner/m², Sorte: Talent)

Zeitpunkt	Saat-Bestands-bettstruktur	Bearbeitungsintensität							
		0 cm		6 cm		6 + 12 cm		6 + 12 + 20 cm	
		Meißelschar	Packerschar	passiv	aktiv	passiv	aktiv	passiv	aktiv
Herbst	MW [Pfl./m²]	14	12	32	32	25	31	31	23
	VK [%]	22	39	20	53	27	17	30	18
Pflanzen	MW [Pfl./m²]	10	9	28	27	20	28	24	21
	VK [%]	20	13	11	48	27	13	28	12
Ernte	MW [dt/ha]	51	40	45	43	47	44	44	48
	VK [%]	23	16	9	7	5	7	10	8
Pflanzengewicht	[g/Pfl.]	53,9	44,7	16,3	16,0	24,0	15,8	18,6	22,6

GD Ertrag: 2 dt/ha

Am 28.08.2002 wurde der Winterraps gedrillt. Der Feldaufgang liegt einheitlich unter der Zahl ausgesäter Körner. In diesem Jahr tritt die Störgröße Altraps nicht auf.

Die Direktsaatvarianten weisen Bestandesdichten unter 15 Pflanzen/m² auf, was das Risiko dieser Varianten auch in diesem Jahr verdeutlicht.

Da es sich in allen Varianten in diesem Jahr um saubere, nicht durch Altraps beeinflusste Bestände handelt, fällt die Dezimierung der Pflanzen bis zur Ernte geringer aus als in den Vorjahren. Ein Bezug der Pflanzendichte zum Ertrag ist nicht feststellbar, was auf das enorme Kompensationsvermögen von Raps hinweist.

Die Varianten 6+12 cm mit passiver Bestelltechnik und 6+12+20 cm mit aktiver Bestelltechnik bieten die höchsten Erträge, obwohl sie im Herbst die geringsten

Pflanzenzahlen vorweisen konnten. Die übrigen Varianten liegen auf einem gleichen Niveau. Somit reicht auch in diesem Jahr die flache Bearbeitung völlig aus.

Das Extrem liefern wiederum die Direktsaatvarianten. Sie erzielen mit geringen Beständen hohe Erträge.

3.7 Fazit der Ergebnisse Standort Petershof auf Fehmarn

Bedingt durch den homogenen Standort Petershof auf der Insel Fehmarn ist es möglich, nähere Aussagen über die Intensität der konservierenden Bodenbearbeitung mit aktiver und passiver Bestelltechnik treffen zu können.

Die nachfolgenden Abbildungen zeigen den Winterweizen in den Versuchsjahren nach den einzelnen Bodenbearbeitungs- und Bestellverfahren. Für den Winterraps wird auf die Darstellung verzichtet, da hier die Reaktionen auf die Bearbeitungsintensität homogener verlaufen.

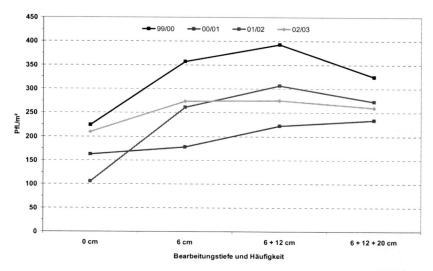

Abbildung 3-22: Bestand des Weizens im Herbst nach passiver Bestelltechnik in den Versuchsjahren 1999/2000 bis 2002/2003

In der Abbildung 3-22 sind die Bestandesdichtedaten im Herbst der einzelnen Varianten mit passiver Bestelltechnik in den vier Versuchsjahren gegenübergestellt. Die Messwerte weisen darauf hin, dass ein zusätzlicher, dritter Bodenbearbeitungsgang keinen Zuwachs an Pflanzen für den Feldaufgang bringt. Das Optimum liegt bei der Variante 6+12 cm und näher an der Variante mit 6 cm als an der Variante 6+12+20 cm. Die passive Bestelltechnik erreicht bereits bei geringer Intensität ihr Optimum.

Wie bereits im Kapitel 3-5 festgestellt, geht der wesentliche Effekt bei der Bodenbearbeitung bereits vom ersten Arbeitsgang aus. Anders verhält es sich bei der aktiven Bestelltechnik in Abbildung 3-23.

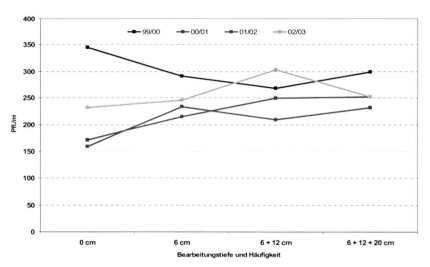

Abbildung 3-23: Bestand des Weizens im Herbst nach aktiver Bestelltechnik in den Versuchsjahren 1999/2000 bis 2002/2003

Die Abbildung 3-23 zeigt die Bestandesdichtedaten im Herbst der einzelnen Varianten mit aktiver Bestelltechnik aus den vier Versuchsjahren. Ein klarer Zusammenhang zwischen der Bodenbearbeitungsintensität und der Höhe des Feldaufganges in den einzelnen Jahren ist nicht zu erkennen. So zeigt beispielsweise das Jahr 1999/2000 mit zunehmender Intensität eine abnehmende Pflanzenzahl/m², einzig bei der Variante 6+12+20 cm steigt die Zahl auf 300 Pflanzen/m².

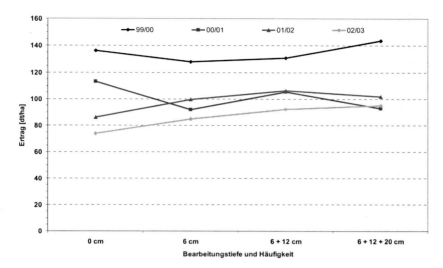

Abbildung 3-24: Ertrag von Weizen nach variierter Bodenbearbeitung und passiver Bestelltechnik in den Versuchsjahren 1999/2000 bis 2002/2003

Die Erträge zeigen sich nur leicht beeinflusst durch die Intensität der Bodenbearbeitung: Das Optimum deutet sich bei zweimaliger Lockerung an. Eine eindeutige Tendenz ist jedoch nicht zu erkennen. So nimmt im ersten und zweiten Versuchsjahr der Ertrag von 0 auf 6 cm Arbeitstiefe ab, während im dritten und vierten Versuchsjahr das Gegenteil geschieht. Nur im ersten Jahr ist eine auffällige Ertragszunahme von der dritten (6+12 cm) zur vierten (6+12+20 cm) Intensitätsstufe zu beobachten.

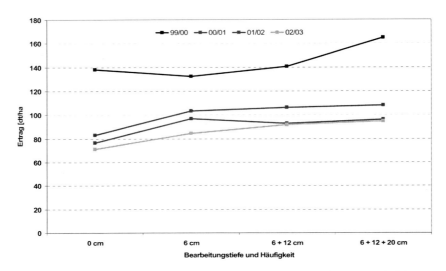

Abbildung 3-25: Ertrag von Weizen nach variierter Bodenbearbeitung und aktiver Bestelltechnik in den Versuchsjahren 1999/2000 bis 2002/2003

In der Abbildung 3-25 sind die Erträge den einzelnen Varianten mit aktiver Bestelltechnik in den vier Versuchsjahren gegenübergestellt. Auch hier zeigen sich die Erträge lediglich leicht beeinflusst durch die Intensität der Bodenbearbeitung. Das Versuchsjahr 2001/2002 zeigt beispielsweise eine annähernde Gleichwertigkeit der Erträge innerhalb der Varianten mit Lockerung. Eine eindeutige Tendenz ist jedoch nicht zu erkennen. Nur im ersten Versuchsjahr nimmt der Ertrag von 0 auf 6 cm Arbeitstiefe ab, während in den weiteren drei Versuchsjahren der Ertrag mit zunehmender Lockerungsintensität steigt. Nur im Jahr 2000/2001 ist ein sinkender Ertrag von der zweiten (6 cm) zur dritten (6+12 cm) Intensitätsstufe zu beobachten.

Nach der Diskussion von Pflanzenbestand und Ertrag in den Einzeljahren werden nun die Jahre insgesamt als Summe betrachtet.

Ergebnisse

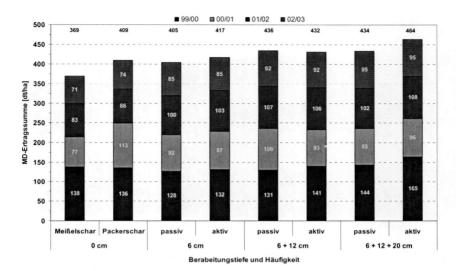

Abbildung 3-26: Weizenerträge Standort Petershof/Fehmarn – einzeln und kumuliert

Die Säulen scheinen einen Zusammenhang zwischen Intensität und Ertrag zu belegen. Beginnend mit den Direktsaatvarianten (0 cm) über einmalige Bearbeitung (6 cm), zweimalige Bearbeitung (6+12 cm) sowie dreimalige Bearbeitung (6+12+20 cm) ist ein kontinuierlicher Ertragszuwachs über die vier Versuchsjahre zu beobachten. Schließt man den auffällig hohen Ertrag (165 dt/ha) der Intensitätsvariante (6+12+20 cm) nach aktiver Bestellung im Versuchsjahr 1999/2000 aus, oder reduziert diese einzelne Messung um 20 dt/ha, so kann diese dreimalige Bearbeitung mit aktiver Bestellung immer noch 10 dt/ha mehr produzieren, als die gleichwertige Bodenbearbeitungsintensität mit passiver Bestellung. Die flache, einmalige Bearbeitung (6 cm) und der Lockerungsverzicht (0 cm) wirken suboptimal auf den Ertrag, gerade im Hinblick auf steigende Getreidepreise.

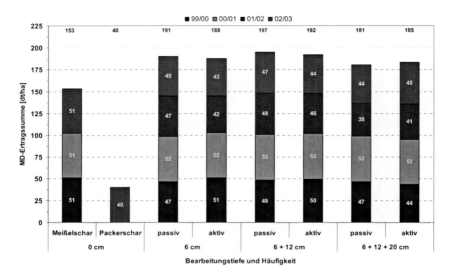

Abbildung 3-27: Rapserträge Standort Petershof/Fehmarn – einzeln und kumuliert

In der Abbildung 3-27 fällt zunächst die Direktsaat auf, da in einigen Jahren die Ernteauswertung nicht möglich war. Das hohe Risiko deutete sich bereits beim Feldaufgang an. Wenn überhaupt Direktsaat, so würde man das Verfahren mit Meißelschar wählen. Das hier aufgezeigte Risiko ist aber als unakzeptabel einzustufen. Die beiden Intensitäten 6 cm sowie 6 + 12 cm (aktiv und passiv) erbrachten gleichwertige Erträge. Die dreifache Bearbeitung scheint Nachteile zu bringen. Diese Nachteile zeigen sich vor allem im Jahr 2001/2002, als die intensive Lockerung die Effekte allgemeiner Trockenheit steigerte.

Es stellt sich die Frage, ob zur Rapsbestellung die Variante mit einfacher Bearbeitung auf 6 cm Arbeitstiefe und passiver Bestelltechnik die Beste ist. Denn in der Kürze der Zeit zwischen Ernte der Vorfrucht und der Rapsbestellung kann eine Arbeitsgangeinsparung Arbeitsspitzen brechen, zusätzlich kommen hier Effekte wie Energieeinsparung und höhere Flächenleistung zum Tragen.

4 Teilflächenspezifisch angepasste Bearbeitung auf dem Standort Oppendorf

Die vierjährigen Ergebnisse haben gezeigt, dass auch bei sehr flacher Bearbeitung (6 cm) bereits gute Ergebnisse zu erzielen sind, selbst bei hohem Ertragsniveau und hohen Strohmassen bis zu 10 Tonnen je ha. Es stellt sich nun die Frage, wie sich diese Erkenntnis in eine teilflächenspezifisch angepasste Bodenbearbeitung integrieren lässt. Denn nicht alle Teilflächen eines Schlages müssen aus pflanzenbaulicher Sicht krumentief gelockert werden: Sandböden neigen zur Dichtlagerung, müssen also intensiv bearbeitet werden, die lehmigen Teilflächen des Schlages hingegen nicht, sofern sie nicht durch Grund- oder Stauwasser geprägt sind.

Im Rahmen des preagro-Projektes (vgl. Sommer et al., 2004) wurde eine 4-reihige Grubberkombination, die mit einem stufenlos hydraulisch verstellbaren Zinkenfeld ausgestattet ist, mit zusätzlicher Mess- und Regeltechnik zur teilflächenspezifisch angepassten Bodenbearbeitung ausgestattet – und von der FAL in Braunschweig (vgl. Voßhenrich et al., 2000) auf einem Praxisbetrieb in Niedersachsen erprobt. Hierbei wurde zunächst an einem Algorithmus gearbeitet, nach dem die Tiefe gesteuert werden soll.

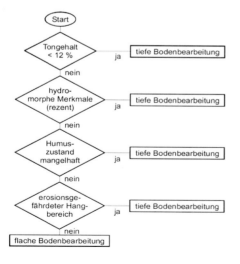

Abbildung 4-1: Algorithmus zur Tiefensteuerung des Grubbers (nach Sommer et al., 2004)

Die Bearbeitungstiefe wird durch eine hydraulische Verstellung des Zinkenfeldes am Grubber erreicht. Als Eingangsgrößen für die Änderung in der Tiefe wurden die Textur und die Feuchte bei der Bearbeitung gewählt. Das Relief wurde berücksichtigt, indem die Kuppenübergänge in den Hang zunächst tief gelockert wurden. Die Strohmenge, als weitere Eingangsgröße, wurde für den Algorithmus nicht berücksichtigt – hat jedoch für eine Dieselkraftstoffeinsparung eine Bedeutung.

Die Eingangsgrößen für den Algorithmus zur Tiefensteuerung werden aus den eigenen Bonituren (Bodentexturkarte und EM38) gewählt. Die Arbeitstiefe wird in zwei Klassen unterteilt: tief= 18-20 cm und flach= 8-10 cm. Der Algorithmus beruht darauf, dass Lehme und Tone zur Selbstregeneration neigen, während Sande und grundwasserbeeinflusste Böden (L-Gley und T-Gley) tief gelockert werden müssen, um organische Substanz einzumischen. So wird die Struktur des Bodens verbessert, der Lufthaushalt und die Drainagefähigkeit unterstützt und Dichtlagerungen reduziert. Feuchte Witterungsverhältnisse zum Bearbeitungszeitpunkt würden auf diesen Teilflächen zu einer mittleren Bearbeitungstiefe (ca. 12 - 15 cm) führen, um den Zielkonflikt zwischen notwendiger Lockerung und Strukturschädigung durch Schlupf am Schlepperrad und tieferen Fahrspuren entgegenzuwirken (vgl. Sommer et. al, 2004).

Der für die Versuchsanlage gewählte Mapping-Ansatz hat sich für den Versuch als praktikabel erwiesen, andere Möglichkeiten zur GPS gestützten Bodenbearbeitung sind aber denkbar. So gibt es bereits leistungsfähige Sensoren zur Erfassung der Textur (EM38), des Humusgehaltes (Reflektionssensor) und der Strohbedeckung (Kameras). Die Verknüpfung dieser Sensorinformationen mit dem Regelalgorithmus ist das zweite Ziel neben dem Nachweis des Nutzens für die angepasste Bodenbearbeitung.

Der Effekt aus der angepassten Bodenbearbeitungsintensität ist vom Zugschlepper zu erfassen. In diesem Sinne wird am Institut für Landwirtschaftliche Verfahrenstechnik (ILV) der Universität in Kiel seit mehreren Jahren ein Schlepper mit Messtechnik zur teilflächenspezifischen Erfassung der Zugkraft und des Kraftstoffverbrauches ausgestattet und erfolgreich zur Dokumentation des Energieverbrauches bei der Bodenbearbeitung und Aussaat eingesetzt.

Zur Bodenbearbeitungssaison 2005 wurde vom ILV eine neue Elektronik für einen Grubber entwickelt, um die Bearbeitungstiefe während der Fahrt GPS gestützt zu verändern (vgl. Isensee et al., 2003). Die Betriebsdaten können während der Fahrt auf dem Schlepper dokumentiert werden, um so die Effekte einer angepassten Bodenbearbeitung zu erfassen, wie nachfolgend an dem Standort Oppendorf verdeutlicht werden soll.

Die sonst schlageinheitliche Bearbeitungstiefe von 18-20 cm wurde im Versuch auf geeigneten Teilflächen (insgesamt 50 % der Versuchsfläche), wie Kuppe, Hang und Senke und den dazugehörigen Bodeninformationen, reduziert.

Zur direkten Erfassung möglicher Einsparungen wurden die Kenngrößen Ertrag und die Maschinendaten des Schleppers genutzt. Die Bewertung der teilflächenspezifisch angepassten Bodenbearbeitung soll nachfolgend anhand der Ertragsergebnisse (vgl. Abbildung 4-3) des Folgejahres durchgeführt werden. Die Messdaten des Schleppers mit den Kenngrößen Zugkraft [kN], Geschwindigkeit [km/h] und Momentanverbrauch [l/h] werden genutzt, um die Flächenleistung [ha/h], den Verbrauch [l/ha] und die variablen Kosten [€/ha] zu berechnen. Diese Daten werden ebenfalls für die Bewertung am Standort genutzt.

Den Zugkraftbedarf eines Bodenbearbeitungsgerätes beeinflussen zum einen prozessbedingte Parameter wie die Geräteart, die Arbeitsbreite, Arbeitstiefe und Arbeitsgeschwindigkeit. Einen zweiten Bereich der Einflussfaktoren auf den Zugkraftbedarf stellen standortabhängige Faktoren dar, zu denen die Bodenart, Bodendichte, Bodenfeuchte und das Relief gezählt werden (vgl. Schutte et al., 2003).

Die angepasste Intensität auf den einzelnen Teilflächen soll den Ertrag nicht beeinträchtigen. Dies zu überprüfen erfordert eine GPS-Ertragskartierung (vgl. Kapitel 2.4.6) – die Daten des Mähdreschers werden hier für die Auswertung genutzt.

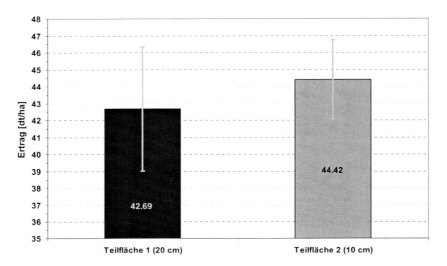

Abbildung 4-2: WR-Erträge auf den Teilflächen am Standort Oppendorf 2005 (GD: 3 dt/ha)

Die Intensität der Bearbeitung wird vom Raps wenig honoriert, so auch nur geringfügig bei der teilflächenspezifisch angepassten Bodenbearbeitung. Das Ertragsergebnis der beiden betrachteten Teilflächen mit 20 und 10 cm Arbeitstiefe ist annähernd gleich. Der leichte Trend zu mehr Ertrag bei geringerer Arbeitstiefe und geringerer Variabilität (Standardabweichung) der Erträge ist nicht signifikant.

Die Flächenleistung in ha/h als wesentliche Komponente in den variablen Kosten dient dem Landwirt als wichtige Entscheidungsgrundlage und soll daher in der nachfolgenden Abbildung (vgl. Abbildung 4-3) gezeigt werden. Die Flächenleistung variiert im Versuch von 1,3 ha/h bis hin zu 2,5 ha/h – schwankt im Mittel also um 1,2 ha/h. Diese Variation regt zu einer gezielten Betrachtung gleicher Teilflächen an. Hierfür wurden zwei gleichgroße Teilflächen mit unterschiedlicher Bearbeitungstiefe für die weitere Auswertung gebildet. Die Teilfläche 1 wurde tief und Teilfläche 2 flach bearbeitet – beide Teilflächen umfassen eine Fläche von je 1,3 ha und sind nach dem Relief als Kuppe 1 und Kuppe 2 klassifiziert.

Ergebnisse anderer Versuche (Schutte, 2005; Schüle et al., 2006) zur Untersuchung der Zugkraftkartierung konnten feststellen, dass neben dem Zugkraftbedarf auch der Kraftstoffverbrauch deutlichen Schwankungen innerhalb eines Schlages unterliegt, was auch hier auf die Bodenunterschiede zurückgeführt wird. Die Karten des Zugkraftbedarfes und des Kraftstoffverbrauches weisen eine hohe Ähnlichkeit auf.

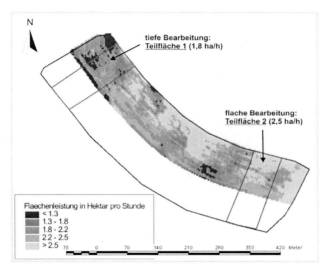

Abbildung 4-3: Variation der Flächenleistung [ha/h] bei teilflächenspezifischer Bodenbearbeitung auf zwei Teilflächen (T1 und T2) mit unterschiedlicher Arbeitstiefe (nach Reckleben et al., 2005)

Eine Verringerung der Bearbeitungstiefe auf Teilfläche 2 hat erwartungsgemäß zu einer Erhöhung der Flächenleistung geführt, was auf den geringeren Schlupf bei flacher Bearbeitung zurückzuführen ist. Der Energieaufwand, gemessen in Zugkraft und Flächenverbrauch, konnte durch die angepasste Intensität um 56 bzw. 46 % reduziert werden. Der Momentanverbrauch sinkt von 36 auf 26 l/h, was durch das elektronische Motormanagement (stufenloses Getriebe & Tempomat) bedingt ist (vgl. Abbildung 4-5).

Der Schlupf als Maß für die Energieübertragung zwischen Rad und Boden, kann bei der flachen Bearbeitung um über 50% reduziert werden. Das Einsparungspotenzial der teilflächenspezifischen Anpassung der Tiefe hat sich für den Standort als sehr hoch erwiesen und führte zu einer Erhöhung der Flächenleistung bei flacher Bearbeitung von 0,7 ha/h im Vergleich zur tief gelockerten Teilfläche 1 (vgl. Abbildung 4-4).

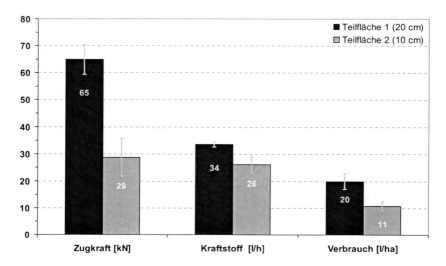

Abbildung 4-4: Ergebnisse der teilflächenspezifischen Bodenbearbeitung (Zugkraft, Kraftstoffbedarf je Stunde und Hektar auf den beiden Teilflächen mit unterschiedlicher Bearbeitungstiefe)

Die variablen Kosten (vgl. Abbildung 4-5) wurden im Ergebnis aus Flächenleistung und Kraftstoffverbrauch je Hektar mit den üblichen Lohnunternehmerpreisen für Schleswig-Holstein (AK 15 €/h und DK 0,9 €/l) kalkuliert. Es konnte eine Einsparung an Betriebsmitteln von 11 €/ha (-41 %) durch die flache Bodenbearbeitung erreicht werden. Diese Einsparung konnten auf etwa 50 % der Fläche realisiert werden.

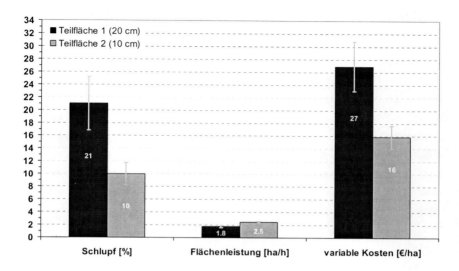

Abbildung 4-5: Ergebnisse der teilflächenspezifischen Bodenbearbeitung (Schlupf, Flächenleistung und variable Kosten der Teilflächen mit unterschiedlicher Bearbeitungstiefe)

Effekte auf den Ertrag wurden zur Ernte mit der teilflächenspezifischen Ertragsmessung am Mähdrescher erfasst. Langjährige konstante Vergleiche (seit 1999) von flacher und tiefer Bodenbearbeitung auf verschiedenen Standorten in Schleswig-Holstein haben nach Voßhenrich (2005) keine signifikanten Abweichungen erbracht, so dass die Einsparpotenziale um so höher zu bewerten sind.

Die konservierende Grundbodenbearbeitung führt zu einer Verbesserung der Bodenstruktur (vgl. Kapitel 2.2) und kann durch eine teilflächenspezifische Anpassung der Bearbeitungsintensität zusätzlich zur Bodenschonung beitragen. Die messbaren Effekte durch die Anpassung führen zu einer Erhöhung der Flächenleistung und zu einer Verringerung des Kraftstoffaufwandes. Hierbei soll in weiteren Versuchen die Möglichkeit der Echtzeitregelung des Grubbers geprüft werden – Sensoren für die notwendigen Informationen zum Beispiel der Textur (EM38) sind bereits in die Praxis eingeführt.

5 Diskussion

Standortheterogenität

Das Relief hat im östlichen Hügelland Schleswig-Holsteins einen erheblichen Einfluss auf die Heterogenität des Standortes und der Erträge. Daher kam der Messung der Höhen am Standort Oppendorf und der anschließenden Klassifizierung einer besonderen Bedeutung zu. Die kleinräumige Schwankung der Höhe (6-26 m) wurde am Standort Oppendorf mit 7 % Steigung bewertet, die daraus abgeleiteten Reliefklassen wurden als Kuppe 1, Hang, Senke, Senke mit Hang und Kuppe 2 bezeichnet. Wie schon Untersuchungen von Griepentrog et al. (1998) und Wiesehoff (2005) zeigen, stellt das Relief eine wesentliche Einflussgröße auf den Ertrag dar.

Der Boden als naturgegebenes Heterogenitätsmerkmal kann nach verschiedenen Kartiermethoden erfasst werden. Herbst et al. (1998) zeigen die verschiedenen Möglichkeiten der kleinräumigen Erfassung. Die Reichsbodenschätzung mit einer erfassten Fläche von 2.500 m² pro Ansprachepunkt erscheint hier als zu grobmaschig. Andere Methoden wie die Feldansprache nach bodenkundlicher Kartieranleitung oder die in den letzten Jahren in die Praxis eingeführte Messmethode EM38 erscheinen in der Literatur (Herbst et al., 1998; Lück et al., 2002; Ludowicy et al., 2002 und Reckleben, 2004) als geeignet für die eigene Fragestellung. Gerade die EM38 Methode zeigt hier aus landtechnischer Sicht ein hohes Maß an Genauigkeit und Reproduzierbarkeit (Durlesser, 2000 und Reckleben, 2004). Aus diesem Grund wird die Methode für Definition von Teilflächen als besonders geeignet angesehen.

Als Einflussgröße auf den Ertrag kann der Boden durch verschiedene Ansätze beschrieben und in seiner Heterogenität einzelner Teilflächen dargestellt werden. Bodeneigenschaften wie die Textur haben einen großen Einfluss auf die Variabilität des Ertrages. Da diese Eigenschaften jedoch naturgegeben sind und nur bedingt beeinflussbar, können Bewirtschaftungsmaßnahmen diese Heterogenität nicht aufheben. Vielmehr besteht die Möglichkeit bei Kenntnis der Bodenheterogenität, diese gezielt zur Optimierung des Ertrages auszunutzen, wie Untersuchungen von Feiffer (2004), Reckleben (2004) und Traphan (2005) zeigen. Bei der Auswertung der

Ertragsdaten nach den unterschiedlich erfassten Kenngrößen zeigt sich nicht immer eine positive Beziehung zwischen Boden und Ertrag. Die Unterschiede zwischen den verschiedenen Bearbeitungsgeräten und Intensitäten zeigen hier deutliche Effekte. Andere Untersuchungen (vgl. Reckleben, 2004) haben festgestellt, dass die Erträge mit zunehmender Bodengüte (Feinerdeanteil↑ und elektrische Leitfähigkeit↑), unabhängig von Sorten- und Jahreseffekten, zunehmen. So nehmen beispielsweise die Erträge im Versuchsjahr 2002/2003 am Standort Oppendorf von 89 dt/ha bis 138 dt/ha mit der Leitfähigkeit von 4 bis 35 mS/m zu.

Strohmanagement

Das Strohmanagement, etwa die Verteilung der Häcksel und die Einarbeitungsqualität, sind wesentliche Einflussgrößen für die Qualität der Bodenbearbeitung und Bestellung. Köller et al. (2001) kommen zu dem Schluss, dass Bodenmanagement und Strohmanagement für die optimale Intensität der Bodenbearbeitung eine wichtige Rolle spielen. Der Strohertrag ist so heterogen wie der Kornertrag eines Standortes und diese sind so heterogen wie der Standort selbst. Die eigenen Untersuchungen zeigen am Standort Oppendorf Ertragsschwankungen im Weizen von kleiner 86 dt/ha auf den schwächsten und mehr als 138 dt/ha auf den besten Teilflächen. Die Heterogenität ist offenbar bodenbürtig und wird durch die Bearbeitungsintensität des Bodens und der Aussaat überlagert. Das Stroh kann auch zu Problemen führen (Wulf, 2005; Weißbach et al., 2005 und Voßhenrich et al, 2006). Dies kann bei der teilflächenspezifischen Bodenbearbeitung als Einflussgröße auf den Regelalgorithmus dienen. Je nach gewähltem Bodenbearbeitungsgerät (drei- oder vierreihige Grubber) und der vorhandenen Scharanzahlen kann es hier zu unterschiedlichen Einmischungsgraden vom Stroh in den Oberboden kommen – Voßhenrich (2003) und Wulf (2005) zeigen diesen Effekt. Die eigenen Untersuchungen an den Standorten wurden mit dem Ziel der Vergleichbarkeit einzelner Varianten angelegt. Daher war die Strohverteilung von besonderem Interesse und wurde zum Erntetermin mit der Feldmethode (Schwadmethode nach Voßhenrich et al., 2003) erfasst und fortlaufend überprüft. Eine gleichmäßige Strohverteilung erlaubt die Unterschiede in der Bearbeitung (nach Gerät und Intensität) hinreichend genau zu erfassen. Die Feldmethode hat sich im eigenen Versuch bewährt.

Saatbettbereitung

Man kann davon ausgehen, dass die Bodenbearbeitung und damit die Bereitung des Saatbettes einen deutlichen Einfluss auf die Bestandesentwicklung haben. Dieser Einfluss ist zeitlich differenziert zu sehen. Die Erträge bestätigen die Bedeutung einer guten Saatgutablage und Bedeckung der Saat für die Pflanzenentwicklung und Ertragsbildung. Allerdings trifft diese allgemein gültige Aussage im eigenen Versuch nicht zu, da geringe Korrelation zwischen Feldaufgang und Ertrag bestehen. Nur bei Gerste im Versuchsjahr 2000/01 deutete sich ein Zusammenhang zwischen Qualität der Saatgutablage und Ertrag an. In einem ausgetrockneten, verhärteten Saatbett, vor allem an den Kuppen, war die passive Sätechnik bei damaligem Stand der Entwicklung nicht in der Lage, die Saat ausreichend tief abzulegen. Dazu passende Beobachtungen sind aus der Literatur bekannt. So beschreiben Fritzler et al. (2003) den direkten Zusammenhang zwischen Saatgutablage, Feldaufgang, Pflanzenentwicklung und Ertrag. Untersuchungen von Willert (1998), Kiefer (1988) und Voßhenrich (1995) belegen eine die Keimung hemmende Wirkung von Stroh im Saatbett. Vor allem sperriges Stroh wirkt nachteilig durch seinen physikalischen Einfluss. Speziell diese Beobachtung wurde aufgrund guter Häcksel- und Verteilqualitäten im eigenen Versuch aber nicht gemacht.

Grund für eine ungleichmäßige Saatgutablage ist zum einen eine schlechte Scharführung, die sich durch Druck und/oder Stützrollen verbessern lässt, sowie das Schardesign. Dieses sollte durch seine Gestaltung dem in das Saatbett fallendes Saatgut Schutz bieten. Untersuchungen von Boll (1988) beschreiben das Problem und das Ausmaß ungleichmäßiger Saatgutablage am Beispiel des Schleppschars.

Das schlechte Abschneiden der Wintergerste am Standort Oppendorf nach konservierender Bodenbearbeitung ist wesentlich mit schlechter Qualität der Saatgutablage durch unausgereifte Technik auf einem trockenen festen Saatbett zu erklären, wie auch schon Wilde (2000) auf dem Standort festgestellt hat. Im 3. und 4. Versuchsjahr wurde am Standort Oppendorf die Beziehung zwischen Saatgutablage, Saateinbettung und der geringeren Feldaufgang nicht mehr festgestellt. Im zweiten Versuchsjahr war die unzureichende Qualität der Saatgutablage zur Gerstenbestellung 2000/2001 der Anlass für den Hersteller (Amazone), die Packerschar-

Sätechnik weiterzuentwickeln, indem der maximal einstellbare Schardruck erhöht wurde.

Die Auswahl der Sätechnik entscheidet mit über den pflanzenbaulichen Erfolg, wie das vorliegende Beispiel gezeigt hat. Die Heterogenität des Standortes entscheidet über den Ertragserfolg. Die mehrjährigen Versuche am Standort Oppendorf begünstigen die aktive Bestelltechnik. Heterogene, zum Teil grobklutige Verhältnisse werden von aktiver Technik besser kompensiert. Die Erträge erreichen durchschnittlich 3 dt/ha mehr als die passive Bestelltechnik. Anders ist dies auf dem homogenen Standort Petershof. Hier führt die aktive Bestelltechnik – je nach Häufigkeit und Intensität der Bearbeitung – zu keinen höheren Erträgen und damit zu keinem Vorteil gegenüber der passiven Bestellung. Bei gleichem Ertragsniveau liegt der Vorteil dann in der Betriebsmitteleinsparung (Kraftstoff) für die passive Bestelltechnik. Untersuchungen von Weißbach (2004) am Standort Oppendorf zeigen einen monetären Vorteil von 4 €/ha zugunsten der passiven Bestelltechnik.

Biomasse

Die Biomasse als Messgröße wird seit einiger Zeit von verschiedenen Autoren (Reusch, 1997; Thiessen, 2002; Reckleben, 2004 und Isensee, 2006) als besonders geeignet angesehen, um die Standortheterogenität zu beschreiben und produktionstechnische Konsequenzen daraus abzuleiten. Im eigenen Versuch wurde die Biomasse (IR/R-Index) mit dem Reflektionssensor am Standort Oppendorf gemessen und für die Auswertung der Bestandesentwicklung in den Varianten und Teilflächen genutzt. Der Biomasseindex weist eine deutliche Differenzierung von 1.2 bis 6.4 (IR/R-Index) auf und bestätigt damit die Aussagen zur Standortheterogenität aus Relief, Textur und EM38. Damit können die Reflektionssensordaten zur Unterstützung der anderen Informationen dienen und diese ergänzen.

Mähdrescherträge

Die Summe aller Mähdrescherträge über die vier Versuchsjahre in Oppendorf zeigen für die konservierend aktive Bearbeitung die tendenziell höchsten Erträge, sowohl für die Einzeljahre als auch für die kumulierten Mähdrescherträge. Danach hat sich die konservierend aktive Bearbeitungsvariante an dem heterogenen Standort Oppendorf als geeignet erwiesen.

Der Vorteil der konservierenden Bearbeitung im Vergleich zur gepflügten Variante zeigt sich darin, dass die konservierende Bodenbearbeitung bei geringerem Aufwand mit den Erträgen des Pfluges auf gleichem Niveau liegt. Die aktive Bestelltechnik ist bei wechselnden Bodenverhältnissen (hohe Standortheterogenität) von Vorteil, sobald grobe Bodenstrukturen auftreten. Manche Standorte lassen sich leichter – entsprechende Bodenqualität vorausgesetzt – mittels konservierender Bodenbearbeitung bewirtschaften. Hierzu gehören u.a. tonhaltige Böden sowie ein hoher Anteil von Hanglagen im Betrieb (Lischka, 2006). Weitere Vorteile aktiver Bestellung liegen auch bei Hanglagen (z.B. östliches Hügelland S-H) vor, da die nicht einzuhaltende Arbeitsgeschwindigkeit an Bedeutung verliert. Die eigenen Untersuchungen bestätigen dieses Ergebnis. Die Bodenbearbeitung mit aktiver Saatbettbereitung hat dazu geführt, dass mit aktiver Saatbettbereitung eine gute Struktur bereitet und optimale Keimbedingungen geschaffen werden.

Die Tabelle 3-7 in Kapitel 3.5 zeigt allerdings, dass zunächst die Bestandesentwicklung im Herbst, gerade bei Wintergerste und Winterraps, signifikant positiv auf die Bodenbearbeitung reagiert. Der Pflug mit aktiver Bestelltechnik hat hier eine bessere Bestandesentwicklung als die konservierende Variante mit aktiver Bestelltechnik erreicht, obwohl der Ertrag am Ende gleich geblieben ist. Nur zu Raps haben sich die Pflugvarianten etwas besser entwickelt, was wiederum heißt, dass es Kulturen gibt, die nach der Saat stark auf die Bodenbearbeitungsintensität reagieren, aber auch bei engen Fruchtfolgen mit hohem Halmfruchtanteil im weiteren Verlauf der Vegetation stark kompensieren und bei reduzierter Intensität das Ertragsniveau halten können.

Der Standort Petershof bestätigt ebenfalls, tendenziell höhere Erträge werden in den einzelnen Jahren im Raps vornehmlich durch die mittleren Bearbeitungsintensitäten erreicht. Es zeigt sich aus arbeitswirtschaftlicher Sicht, dass eine zweimalige Bearbeitung zu Raps am Standort Fehmarn das Optimum liefert und eine dreimalige Bearbeitung ökonomisch nicht sinnvoll ist. Die Direktsaat ist energetisch und arbeitswirtschaftlich sehr interessant, bietet jedoch an dem Hochertragsstandort Fehmarn ein zu großes Risiko im Bezug auf Feldaufgang und Ertragssicherheit. Tendenziell lohnt sich eine hohe Bearbeitungsintensität (3fache Bearbeitung) eher beim Weizen als beim Raps, wie die Abbildungen 3-26 und 3-27 zeigen.

Kraftstoffverbrauch und Arbeitszeitbedarf

Wie bereits in der Einleitung beschrieben, sind für den Erfolg der konservierenden Bodenbearbeitung und Bestellung neben vergleichbaren Erträgen, auch die energetischen und arbeitswirtschaftlichen Aspekte eine wichtige Größe. Mumme (2006) kommt zu dem Schluss, dass eine Einsparung von bis zu 50 % an Energie und Zeit durch den Pflugverzicht möglich ist. Eine Kraftstoffeinsparung bei erhöhter Flächenleistung ermöglicht es, die Bearbeitung zum bestmöglichen Termin durchzuführen. Die bessere Befahrbarkeit (Tragfähigkeit) durch die konservierende Bearbeitung stellt einen Zusatznutzen dar, der in den eigenen Versuchen beobachtet und von zahlreichen Quellen bestätigt wird (vgl. Brunotte, 2001; Mumme, 2006).

Mit der konservierenden Bearbeitung können sehr hohe Erträge erzielt werden, was mit den Untersuchungen auf Fehmarn bestätigt wurde. Die Untersuchungen zeigen in den einzelnen Jahren oder in der Summe der Erträge, dass mit steigender Bearbeitungsintensität (in Tiefe und Häufigkeit) die Erträge zunächst steigen jedoch bei der höchsten Intensität wieder abfallen. Anders die Kosten, denn Arbeitszeit und Kraftstoffverbrauch nehmen mit jedem zusätzlichen Arbeitsgang und mit jedem Zentimeter Arbeitstiefe zu. Diese Ergebnisse werden von anderen Quellen (vgl. Köller et al., 2001; Weißbach, 2004; Lischka, 2006 und Mumme, 2006) bestätigt.

Die höhere Flächenleistung durch die konservierende Bodenbearbeitung führt zu einer höheren Schlagkraft, was sich für sich für den Bearbeitungszeitpunkt als positiv erweist. Der Aussaattermin hängt direkt von der vorhergehenden Bearbeitung ab. Eine schlagkräftige Bodenbearbeitung ermöglicht es eher, die Aussaat zum gewünschten Zeitpunkt durchzuführen. Der Bearbeitungstermin und die Intensität für die flache Stoppelbearbeitung sind auch für eine erfolgreiche Schneckenbekämpfung entscheidend (Wörz, 2006). Wenn die flache Bearbeitung zum richtigen Zeitpunkt erfolgt, zeigen sich hier vergleichbare Erträge mit den Varianten mit zwei oder drei Bearbeitungsgängen. Der einzige Unterschied ist dann die Anzahl der Bearbeitungsgänge und somit die Flächenleistung, die Arbeitszeit und auch der Kraftstoffverbrauch, der mit zunehmender Bearbeitungsintensität zunimmt und damit betriebswirtschaftlich fraglich ist. Wenn der Ertragszuwachs nur 2-3 dt/ha beträgt, stellt sich die Frage, ob es sich lohnt, dafür einen zusätzlichen Arbeitsgang durchzuführen. Jeder zusätzliche Arbeitsgang kostet 3-5 € (Weißbach, 2004) oder sogar 7 € (Voßhenrich, 2004; Mumme, 2006) an Betriebsmittelaufwand.

Für den eigenen Versuch konnte gezeigt werden, dass mit der richtig gewählten Bearbeitungsintensität (konservierend aktiv) die Erträge nach konservierender Bodenbearbeitung mit denen nach Pflug am Standort Oppendorf mithalten können. Im Mittel über die 4 Versuchsjahre liegen die Erträge sogar um mehr als 5 dt/ha höher als in der vergleichbaren Pflugvariante.

Zusätzliche Nebeneffekte entstehen, wie es z.B. die Autoren Schutte, Isensee oder auch Voßhenrich zeigen, dass durch den Grubbereinsatz die Flächenleistung gesteigert wird und somit die Arbeitskosten pro Hektar sinken. Versuche anderer Institutionen sehen hier das Einsparpotential von bis zu 50 % bei der Bodenbearbeitung und Bestellung durch konservierende Verfahren im Vergleich zum Pflug (Mumme, 2006; Wilde et al., 2006).

Eine zweite wichtige Kenngröße des eigenen Versuches ist die Frage, welche Intensität ist zur Bodenbearbeitung wirklich nötig. Die Ergebnisse von Fehmarn, die hier diesbezüglich ausgewertet wurden, sind von der Versuchsanlage so angelegt, dass mit jeder Variante die Intensität in Tiefe und Häufigkeit der Bearbeitung erhöht und damit unterschiedliche Erträge etabliert wurden.

Die Versuche zeigen vor allem, dass der Raps weniger stark auf die Bearbeitungsintensität reagiert. Mit zunehmender Bearbeitungsintensität ist nicht immer ein Ertragszuwachs, sondern sogar ein Abfall zu verzeichnen.

Die Ergebnisse zeigen, dass mit einem oder mit zwei Arbeitsgängen der Boden mehr als ausreichend bearbeitet wurde und sich die Frage nach einem dritten Arbeitsgang mit einer Bearbeitungstiefe von 20 cm nicht stellt. Denn hier waren die Erträge in den einzelnen Jahren rückläufig, bei steigendem Betriebsmittelaufwand.

Teilflächenspezifische Bodenbearbeitung

Die bislang dargestellten Ergebnisse zeigen eindeutig das Potential der konservierenden Bodenbearbeitung und auch den Nutzen einer kleinräumigen Bodenansprache. Wenn also der Boden wie hier mit dem EM38 hinreichend kartiert wird, besteht die Möglichkeit die Intensität teilflächenspezifisch an die Textur anzupassen und damit weitere ökonomische Effekte zu erschließen. Eine Anpassung in der Bearbeitungstiefe, abhängig von Textur und Ertragspotential, bedeutet eine zusätzliche Kraftstoffeinsparung (24 %) bei gleichzeitiger Steigerung der Flächenleistung (18 %).

Diese Untersuchungen wurden in den Berechnungen von Zimmermann (2005) für den Standort Oppendorf genutzt. Er kommt zu der Schlussfolgerung, dass mindestens 80 ha flacher bearbeitet werden müssten, damit sich diese angepasste Bewirtschaftungsintensität lohnt. Der mit der angepassten Intensität verbundene Aufwand (Extra-Bonitur mit dem EM38 und der Extra-Hardware am Grubber) würde sich dann rentieren.

Der zur Selbstregeneration neigende lehmige und tonige Boden wird flacher bearbeitet, als der zur Dichtlagerung neigende Sandboden, der aus produktionstechnischer Sicht immer tief zu lockern wäre. Dieser Ansatz stellt eine Möglichkeit dar, um die laufenden Kosten bei den Bearbeitungsgängen zu reduzieren (Reckleben et al., 2005; Voßhenrich, 2006), die hier nicht weiter betrachtet wurden, aber aus den eigenen Daten abgeleitet werden können. Die niedrigere Intensität hat sich in mehr Erlös niedergeschlagen.

Eine Anwendung von Maßnahmen der teilflächenspezifischen Bewirtschaftung begründet sich darin, dass der Produktionsfaktor Boden keine gleichmäßigen Eigenschaften innerhalb eines Schlages aufweist (Schutte, 2005). Die Ursache unterschiedlicher Ertragsfähigkeit verschiedener Bereiche eines Schlages liegt hauptsächlich in der Variabilität des Produktionsfaktors Boden, namentlich der Bodenart und des Bodentyps.

Das Ziel der konservierenden Bodenbearbeitung (Voßhenrich et al., 2000) – gleiche Erträge bei reduzierter Intensität der Lockerung – konnte in allen Versuchsjahren erreicht werden. Der wesentliche Ertragseffekt in den eigenen Untersuchungen ist nicht bodenbürtig wie bei Reckleben (2004), sondern verfahrenstechnisch bedingt. Das lässt die Vermutung zu, dass die Lockerung zum richtigen Zeitpunkt auch mit verminderter Intensität (Tiefe und Häufigkeit) den gleichen Ertrag bringt. Daraus folgt, dass die angepasste Bearbeitungsintensität zur Energieeinsparung und Erhöhung der Flächenleistung führt, ohne den Ertrag zu beeinflussen.

6 Zusammenfassung

Die vorliegende Arbeit stellt mehrjährige Versuche und Ergebnisse auf den Standorten Oppendorf bei Kiel und Petershof auf Fehmarn vor, die im Rahmen des Projektes „Kostengünstige Bestellverfahren in engen Fruchtfolgen" - gefördert von der Stiftung Schleswig-Holsteinische Landschaft - von 1999 bis 2003 gewonnen wurden. Die Kernfrage dieser Untersuchungen lautet: Ist es möglich auf einem Hochertragsstandort auf den Pflug zu verzichten und in wieweit kann die Intensität der konservierenden Bodenbearbeitung und Bestellung reduziert werden?

Es wurde die Heterogenität des Standortes durch Messungen der Höhenlinien, Leitfähigkeit, Biomasse und Erstellung einer Bodentexturkarte erfasst, beschrieben und mit den Daten der Mähdrescher-Ertragskartierung geografisch differenziert ausgewertet.

Die Höhenlinien schwanken zwischen 6 bis 26 m über Normalnull. Der Standort Oppendorf weist mittels der Feldansprache nach bodenkundlicher Kartieranleitung die Bodenarten Sl3 bis Ls4 auf. Der Großteil der Fläche wird von den Bodenarten Ls2 bis Ls4 bestimmt. Ergänzend wurde die Fläche mit EM38 kartiert. Die Leitfähigkeit, als Summenparameter aus Textur, Wassergehalt und Nährstoffen, reicht von 4 bis 35 mS/m. Der Biomasseindex weist eine deutliche Differenzierung von 1.2 bis 6.4 (IR/R-Index) auf. Eine ähnlich deutliche Differenzierung zeigt auch die Ertragskartierung mittels GPS gestützter Durchsatzmessung im Mähdrescher. Hochertragszonen (>116 dt/ha) sind mit dem Relief bzw. der Bodenart verknüpft.

Es werden auch Zusammenhänge zwischen der Leitfähigkeit und dem Ertrag erkennbar. Die höchsten Leitfähigkeiten und Erträge sind in Klasse E (29-35 mS/m) und die geringsten in Klasse A (4-10 mS/m) zusammengefasst. Die Kartierung von Leitfähigkeit und Ertrag bietet über das Zusammenfassen von Einzelwerten den Überblick über die Struktur einer Fläche hinsichtlich Bodenqualität und Ertrag. Nach mehrjähriger Betrachtung lässt sich der Einfluss der Standortheterogenität unabhängig vom Jahreseinfluss darstellen.

Bei Gegenüberstellung der unterschiedlichen Arten der Kartierung der Versuchsfläche Oppendorf sind übereinstimmende Strukturen erkennbar. Die unterschiedlichen Kartierungsmethoden der kleinräumigen Heterogenität können sich daher gegenseitig ergänzen und ersetzen.

Die konservierende Bodenbearbeitung hat im Vergleich zur konventionellen Bodenbearbeitung mit dem Pflug im Durchschnitt der vier Versuchsjahre 4 dt/ha höhere Erträge am Standort Oppendorf erzielt. Demnach ist die Strukturverbesserung durch die konservierende Bearbeitung ertragswirksam und energetisch sinnvoll. Mit der konservierenden Bodenbearbeitung sind bis zu 50 % des Kraftstoffaufwandes einzusparen gegenüber der konventionellen Bodenbearbeitung. Der Pflugverzicht ist nach den eigenen Untersuchungen auch auf einem Hochertragsstandort wie Oppendorf möglich.

Die Daten des Standortes Petershof auf Fehmarn zeigen deutlich, dass eine Zunahme der Bearbeitungsintensität nicht immer mit einer Ertragssteigerung einher geht und sich daher der Mehraufwand für die Bearbeitung und Bestellung nicht lohnt. Durchschnittlich über vier Jahre erreichen Direktsaat mit Meißelschar 38 dt/ha, einmalige Bearbeitung mit Grubber (6 cm) 47 dt/ha, zweimalige Bearbeitung mit Grubber (6+12 cm) 49 dt/ha und dreimalige Bearbeitung mit Grubber (6+12+20 cm) 46 dt/ha. Auch Weizen zeigt nicht in jedem Jahr eine Ertragssteigerung durch den dritten Bearbeitungsgang mit 20 cm Arbeitstiefe. Für die Intensität der konservierenden Bodenbearbeitung kann auf dem Standort Petershof festgehalten werden, dass eine zweimalige Bearbeitung mit 6 cm flacher Stoppelbearbeitung und 12 cm tiefer Grundbodenbearbeitung ausreicht, um das hohe Ertragsniveau in jedem Jahr sicherzustellen.

Für schleswig-holsteinische Verhältnisse (mit oftmals feuchten Witterungsverhältnissen zum Saattermin) hat sich die konservierende Bodenbearbeitung mit aktiver Bestelltechnik auf beiden Standorten als ein sicheres Verfahren in der Ertragswirkung erwiesen.

Für die Zukunft ergibt sich aus den Ergebnissen der Arbeit weiterer Forschungsbedarf in Bezug auf die angepasste Intensität der Bodenbearbeitung. Eine Anpassung in der Bearbeitungstiefe, abhängig von Textur und Ertragspotential, bedeutet eine zusätzliche Kraftstoffeinsparung (24 %) bei gleichzeitiger Steigerung der Flächenleistung (18 %). In weiteren Versuchen sollte die Möglichkeit der Echtzeitregelung des Grubbers geprüft werden – Sensoren für die notwendigen Informationen zum Beispiel der Textur (EM38) sind bereits in die Praxis eingeführt.

7 Summary

This paper is based on experiments and results obtained in Oppendorf near the city of Kiel and in Petershof on the Isle of Fehmarn. It is a report of the project "Low-Cost Tillage in Narrow Crop Rotations", which was supported by the foundation "Schleswig-Holsteinische Landschaft" from 1999 to 2003. The investigations were focussed on
- is it possible to leave out the ploughing on a site with high yields?
- to what extent can tillage without ploughing be reduced?

The heterogeneity was recorded and analysed in a site-specific manner by the respective elevation above the sea level, by the soil conductivity, by the biomass, by the soil maps as well as by yield maps of the combine.

The elevation lines vary between 6 and 26 m above the standard sea level. The soil map in Oppendorf show soil textures ranging from Sl3 to Ls4. The area mainly consists of Ls2 to Ls4. The soil conductivity was mapped by means of the EM38. The parameter obtained ranges from 4 to 35 mS/m, depending on texture, water content and nutrient supply. The biomass index (IR/R-Index) varies highly from 1.2 to 6.4. The yield mapping obtained from GPS assisted combine flow recording resulted in a similar variation. Areas with high yields (>116 dt/ha) are linked with the relief or the texture of the soil. There are also correlations between the conductivity and the yield. The highest conductivities in category E (29 – 35 mS/m) resulted in the highest yields and the lowest conductivities in category A (4 – 10 mS/m) resulted in the smallest yields. Mapping of conductivities and yields sums up the data and this outlines the relation between soil-quality and yield of a field. The data from several years demonstrate the effect of the sites heterogeneity independent of the seasonal influence.

Comparing the different methods of mapping from Oppendorf reveals corresponding structures. Therefore the different methods of mapping of the small-sized heterogeneity can act as substitutes and supplements.

In contrast to the cultivation with plough, the conservation tillage on the average in 4 dt/ha higher yields in Oppendorf within the period of four years. Thus the improvement of soil-structure by means of conservation tillage results in higher yields and a lower consumption of energy. Due to the use of no till cultivation, up to 50% of fuel can be saved. According to the author's own investigations, working without a plough is also possible on high-yield sites like Oppendorf.

The data taken in Petershof on the Isle of Fehmarn clearly demonstrate that an increase in the intensity of cultivation is not always linked with higher yields, so that extra costs and time for tillage and sowing are not worthwhile. In average, all along the experimental period of four years, no tillage achieves 38 dt/ha, single conservation tillage (6 cm) 47 dt/ha, double conservation tillage (6+12 cm) 49 dt/ha and triple conservation tillage (6+12+20 cm) 46 dt/ha. Even wheat doesn't show higher yields through the third step of cultivation with a depth of 20 cm every year.

Regarding the intensity of tillage, the data in Petershof show that double conservation tillage with a flat tillage of 6 cm and a deep cultivation of 12 cm is sufficient for guaranteeing a high-yield level each year.

The conservation tillage with its pto driven implements has proved a reliable method of achieving high yields - for both sites and for Schleswig-Holstein in particular with its mostly humid weather conditions.

The results of this treatise reveal the need to encourage further research concerning the intensity of tillage. An adjustment in the intensity of tillage - depending on soil-texture and yield potential - would result in further fuel savings (24%) while increasing the soil's potential (18%). With the help of future experiments the possibility of using real time adjustment of the field cultivator ought to be investigated. Sensors for the signals needed such as the texture (EM38) have already been introduced in practice.

8 Literaturverzeichnis

AG Boden (Hrsg.), (1994):
Bodenkundliche Kartieranleitung, Schweizerbart'sche Verlagsbuchhandlung, Stuttgart, 4. Auflage

AgriCon (Hrsg.), (2004):
Precision Farming Katalog 2004-2005, Sachsen

Altermann, M.; Kühn, D.; Thiere, J. (1992):
Standortkennzeichnung von Ackerzahlen durch Auswertung der Bodenschätzung und ergänzende Erhebungen, Mitteilungen d. Dt. Bodenkundl. Ges., 67, S. 181-184

Anken, T. (1997):
Mulch ist der ökologische Renner – Streifenfrässaat bei Mais auch in Wiesen, DLZ 46 (3), S. 60-63

Baeumer, K. (1993) in: Rowel, D.L. (1997):
Bodenkunde : Untersuchungsmethoden und ihre Anwendungen, Springer Verlag Berlin

Baeumer, K. (1986):
Bodenbearbeitung mit reduziertem Aufwand. Acker- und Pflanzenbauliche Gesichtspunkte, Landtechnik von Morgen 24, S. 20-31

Ball, B. C.; Lang, R. W.; Robertson, E. A. G.; Frankin, M. F. (1994):
Crop performance and soil conditions on imperfectly drained loam soils after 20-25 years of conventional tillage or direct drilling, Soil and Tillage Research, 31, p. 97-118

BBSchG (2001):
Bundesministerium für Verbraucherschutz, Ernährung und Landwirtschaft (BMVEL) (Hrsg.): Gute fachliche Praxis zur Vorsorge gegen Bodenschadverdichtungen und Bodenerosion, Bonn, S. 105

Börner, H. (1995):
Untersuchungen über phenolische Verbindungen aus Getreidestroh und Getreiderückständen, Die Naturwissenschaften 42, S. 583-584

Boguslawski, E. von in: Oehmichen, J. (1986):
Pflanzenproduktion, Band 1: Grundlagen, Paul Parey, Berlin und Hamburg

Boll, J. (1988):
Elektronik an Drillmaschinen, KTBL-Schrift 322, Darmstadt

Borchert, H. (1982):
Bodengefügeveränderungen nach Umstellung von konventioneller Bodenbearbeitung auf Minimal-Bodenbearbeitung, Mitt. Dt. Bodenk. Ges. 34, S. 205-208

Bosse, O.; Herzog, R.; Seidel, K. (1970):
Untersuchung von Arbeitseffekten verschiedener Bodenbearbeitungswerkzeuge, Thaer-Arch. 14, S. 673-686

Brunotte, J. (2001):
Gute fachliche Praxis - Bodenschonendes Befahren mit landwirtschaftlichen Maschinen, AID-Video VHS-Kassette

Brunotte, J.; Sommer, C.; Isensee, E.; Weisskopf, P. (2005):
Der Boden unter Druck - Abgesenkter Reifeninnendruck begrenzt die Bodenbelastung, Landtechnik 60, Nr. 3, p. 150 - 151

Buchner, W.; Vollmer, F. J. (1984):
Abkehr von starren Systemen: Auch gute Ackerböden stoßen bei der Bodenbearbeitung auf Belastungsgrenzen, DLG-Mitteilungen 99 (16)

Cannell, R. Q.; Ellis, F. B.; Christian, D. G. (1987):
The influence of reduced cultivations and direct drilling on the long-term decline of a population of Avena fatua L. in spring barley, Weed Research, Volume 21, p. 23

Capelle, A. (1998):
Die Eignung von Bodenkarten unterschiedlicher Maßstäbe für die Erfassung der kleinräumigen Heterogenität des Bodens, KTBL/ATB-Workshop, (KTBL- Arbeitspapier 264)

Christen, O.; Lovett, J. V. (1993):
Effects of a short term p-hydroxybenzoic acid application on grain yield and yield components in different tiller categories of spring barley, Plant and Soil, 151, S. 279-286

Corwin, D. L.; Lesch, S. M. (2003):
Application of Soil Electrical Conductivity to Precision Agriculture: Theory, Principles and Guidelines, Agronomy Journal 95, Nr. 3, p. 455-471

Czeratzki, W. (1966):
Die Charakterisierung von bearbeitungsbeeinflussten Bodeneigenschaften in Beziehung zum Pflanzenwachstum, Landbauforschung Völkenrode 16, S. 37-44

Debruck, J. (1978):
Forderungen des Pflanzenbauers an die Bodenbearbeitung in Ackerbaufruchtfolgen, Ber. Ldw. 56, S. 342-358

Dölger, D.; Voßhenrich, H.-H.; Reckleben, Y. (2006):
Hochschnitt und was dann? – kurze oder lange Stoppeln, Mulchsaatpraxis
Beilage in DLG-Mitteilungen 07/2006

Dunger, W. (1983):
Tiere im Boden, Wittenberg, A. Ziemsen Verlag, 2. Aufl., S. 183

Durlesser, H. (2000):
Bestimmung der Variation bodenphysikalischer Parameter in Raum und Zeit
mit elektromagnetischen Induktionsverfahren, Aachen, Shaker Verlag (FAM-
Bericht 35)

Ehlers, W. (1973):
Gesamtporenvolumen und Porengrößenverteilung in unbearbeiteten und
bearbeiteten Lößböden, Z. Pflanzenernährung und Bodenkunde 136,
S. 193

Eichhorn, H. W.; Gruber, W.; Griebel, J. (1991):
Bodenbearbeitungs- und Bestellverfahren – ökonomisch betrachtet,
Landtechnik 46, S. 39-42

Feiffer, A. (2004):
Neue Technologien – größere Ansprüche – Größerer Nutzen,
feiffer consult (Hrsg.), Sondershausen

Fritzler, J.; Teegen, R. (2003):
Universaldrillmaschinen im Vergleich, RKL- Schrift, 11/2003

Geisler, G. (1983):
Ertragsphysiologie von Kulturarten des gemäßigten Klimas,
Verlag Paul Parey, Berlin und Hamburg

Geisler, G. (1988):
Pflanzenbau Ein Lehrbuch – Biologische Grundlagen und Technik der
Pflanzenproduktion, Verlag Paul Parey, Berlin und Hamburg, 2. Auflage

Golden Software Inc. (2002):
Surfer 8 Users Guide, Colorado USA, Golden Software Inc. (Hrsg.)

Graff, O. (1964):
Die Regenwürmer Deutschlands, Schriftenreihe Forschung Institut
Landwirtschaft 7, 1-70, Hannover, Schaper

Graham, J. P.; Ellis, F. B.; Christian, D. G.; Cannell, R. (1986):
Effect of straw residues on the establishment, growth and yield of autumn-
sown cereal, Journal of Agric. Engng. Research, 33, p. 39-49

Griepentrog, H.-W.; Rabe, S. (1998):
Bemessung der N- Teilgaben und Erstellen des Programms für die
teilflächenspezifische Düngung, S. 54-60 (KTBL- Arbeitspapier 250)

Hanus, H.; Heyland, K.U.; Keller, E. (1996):
Handbuch des Pflanzenbaus, Band 1, Eugen Ulmer GmbH & Co., Stuttgart (Hohenheim)

Hartge, K.H. in: Scheffer-Schachtschabel (1992):
Bodengefüge, Lehrbuch der Bodenkunde, 13. Auflage, Kapitel 14 – 19, Stuttgart, Ferdinand Enke Verlag

Herrmann, S. (1991):
Ergebnisse vergleichender Untersuchungen verschiedener Varianten der Strohverteilung für Düngungszwecke, VDI/MEG Kolloquium Agrartechnik, Heft 10

Herbst, R.; Lamp, J. (1998):
Zur kleinräumigen Heterogenität der Böden Deutschlands und zum Akzeptanzpotenzial der Teilflächen-Bewirtschaftung. KTBL/ATB- Workshop, KTBL (hrsg.) Arbeitspapier 264

Herbst, R. (2002):
Bodenschätzung, geoelektrische Sondierung und pedostatistische Modellierungen als Basis von digitalen Hof-Bodenkarten im Präzisen Landbau, Dissertation, Christian-Albrechts-Universität zu Kiel

Hollmann, F. (2006):
Pfluglose Bodenbearbeitung – Betriebsmanagement, RKL-Schrift, RKL-Vortragstagung 01/2005

Höpler, P. (1991):
Warum pflügen wir? Praktische Landtechnik 44 (2), S. 9

Hübscher, S. (1987):
Beurteilung des Bestellsystems der Firma Dutzi, Diplomarbeit, Christian-Albrechts-Universität zu Kiel

Isensee, E.; Lüth, H. G. (1992):
Kontinuierliche Messung der Bodendichte, Landtechnik 47 (9), S. 449-451

Isensee, E. (2003):
GPS – Möglichkeiten und Grenzen, RKL- Schrift, 12/2003

Isensee, E.; Thiessen, E.; Treue, P. (2003):
Mehrjährige Erfahrungen mit der teilflächenspezifischen Düngung und Ernte, Agrartechnische Forschung 9, H. 5, S. 50-63

Isensee, E. (2006):
Herbizide teilflächenspezifisch ausbringen, RKL- Schrift, 7/2006

Jenny, H. (1941):
Factors of soil formation, McGraw-Hill: New York, 281 S.

Kahnt, G. (1995):
Minimalbodenbearbeitung, Ulmer-Verlag, Stuttgart

Kiefer, J. (1988):
Untersuchungen zur Sätechnik bei Getreide unter besonderer Berücksichtigung von Vorfruchtrückständen im Saatbett, Dissertation, Christian-Albrechts-Universität zu Kiel, Max-Eyth-Gesellschaft für Agrartechnik e.V., Darmstadt

Kimber, R. L. W. (1973):
Phytotoxicity from plant residues. II. The effect of time rotting of straw from grasses and legumes on the growth of wheat seedlings, Plant and Soil 38, p. 347–361

Kilian, B.; Grabo, A. (2002):
On-Farm-Research: Neue Qualität bei Praxisversuchen- Wirkungsweise des Hydro N-Sensors umfassend untersucht, Neue Landwirtschaft, Heft 8, S. 34-36

Köller, K. (1988):
Ohne Pflug auf jedem Boden? DLG-Mitteilungen 103 (19), S. 1014-1015. Frankfurt

Köller, K. (1991):
Ackerbau ohne Pflug, Esso Landkurier 42 (2), S. 3-7

Köhnlein, J.; Vetter, H. (1965):
Ernterückstände und Wurzelbild, Verlag Paul Parey, Hamburg, Berlin

Koch, H. J. (1990):
Pflanzenbauliche Risiken und erosionsmindernde Wirkungen von Strohmulchdecken im Getreidebau, Dissertation, Georg-August-Universität zu Göttingen

KTBL (Hrsg.), (1993):
Definition und Einordnung von Verfahren der Bodenbearbeitung und Bestellung, in: Ergebnisse von Versuchen zur Bodenbearbeitung und Bestellung, Arbeitspapier 190, KTBL-Schrift 0236 (Hrsg.), Darmstadt

Lamp, J.; Capelle, A.; Ehlert, D.; Jürschik, P.; Kloepfer, F.; Nordmeyer, H.; Schröder, D.; Werner, A. (1998):
Erfassung der kleinräumigen Heterogenität in der teilflächenspezifischen Pflanzenproduktion, KTBL/ATB- Workshop (KTBL- Arbeitspapier 264)

Lamp, J.; Herbst, R. (2001):
Zur kleinräumigen Heterogenität der Böden Deutschlands und zum Akzeptanzpotenzial der Teilflächen-Bewirtschaftung, KTBL/ATB- Workshop (KTBL- Arbeitspapier 264)

Lamp, J. (2003):
Mündliche Mitteilung, Inst. für Pflanzenernährung und Bodenkunde – Bodenkunde

Lee, K. E. (1985):
Earthworms: Their ecology and relationships with soils and land use, Sydney, Australia: Academic Press, p. 411

Linke, C. (1998):
Direktsaat – eine Bestandsaufnahme unter besonderer Berücksichtigung technischer, agronomischer und ökologischer Aspekte, Dissertation, Universität Hohenheim

Lischka, G. (2006):
Was bringt und kostet der Pflugverzicht? – Versuch einer Zwischenbewertung, LBB Rundschreiben 07/06

Löffler, E. (1994):
Geographie und Fernerkundung: eine Einführung in die geographische Interpretation von Luftbildern und modernen Fernerkundungsdaten, 2. neu bearbeitete Auflage, Teubner, Stuttgart

Ludowicy, Chr.; Schwaiberger, R.; Leithold, P. (2002):
Precision Farming – Handbuch für die Praxis, DLG- Verlags GmbH, Frankfurt a. Main

Lück, E.; Eisenreich, M.; Domsch, H. (2002):
Innovative Kartiermethoden für die teilflächenspezifische Landwirtschaft, Schriftenreihe Stoffdynamik in Geosystemen, im Selbstverlag, Potsdam

Lück, E. (2002):
Bodenunterschiede erkennen, Agrarmarkt, H. 7, S. 32-35

Maidl, F. X.; Demmel, M.; Fischbeck, G. (1988):
Wirkung differenzierter Bodenbearbeitung auf die Ertragsbildung von Getreide – dargestellt an einem langjährigen Dauerversuch, Ber. Ges. Pflanzenbauwiss. 1, S. 167-182

McBratney, A. B.; Pringle, M. J. (1997):
Spatial variability in soil-implications for precision agriculture – in Stafford (Hrsg.): Precision Agriculture. Spatial variability in crop and soil, Oxford, 1, p. 3-31

Militzer, H.; Weber, F. (1985):
Angewandte Geophysik, Band 2: Geoelektrik – Geothermik – Radiometrie – Aerogeophysik, Springer Verlag Wien/ Akademie Verlag Berlin, DDR - 7400 Altenburg

Mumme, M. (2006):
Welches Einsparpotential bieten moderne Verfahren der Bodenbearbeitung und Bestellung? DLG-Test, Vortrag auf der DeLuTa in Münster

Patzke, W.; Lachotzke, A. (1985):
Versuch mit Minimalbodenbearbeitung 1968-1982, Aktuelles aus
Acker- und Pflanzenbau 10, S. 27-28. Landwirtschaftskammer
Schleswig-Holstein, Kiel

Pelegrin, F.; Moreno, F.; Martin-Aranda, J.; Camps, M. (1990):
The influence of tillage methods on soil physical properties and water bilance
for a typical crop rotation in SW-spain, Soil & Tillage Res. 16, p. 345-358

Reckleben, Y. (2004):
Innovative Echtzeitsensorik zur Bestimmung und Regelung der
Produktqualität von Getreide während des Mähdruschs, Dissertation,
Christian-Albrechts-Universität zu Kiel, Max-Eyth-Gesellschaft für Agrartechnik
e.V., Darmstadt (MEG 424)

Reckleben, Y.; Isensee, E. (2005):
Variable Arbeitstiefe spart Zugkraft, Neue Landwirtschaft 10/2005

Reckleben, Y.; Isensee, E.; Voßhenrich, H.-H. (2006):
Hochschnitt bietet Chancen, Bauernblatt Schleswig-Holstein und Hamburg, S. 46-47

Reckleben, Y. (2006):
Sensorgestützte Düngestrategien bei Getreide, RKL- Schrift, 02/2006

Reusch, S. (1997):
Entwicklung eines reflexionsoptischen Sensors zur Erfassung der
Stickstoffversorgung landwirtschaftlicher Kulturpflanzen, Dissertation,
Christian-Albrechts-Universität zu Kiel, Max-Eyth-Gesellschaft für Agrartechnik
e.V., Darmstadt (MEG 303)

Ridgman, W. J. (1981):
Experiment und Statistik in der Biologie: eine Einführung in die statistischen
Methoden der Versuchsplanung und –auswertung, Stuttgart, Verlag Fischer

Robert, P.; Anderson, P. (1987):
Use of computerized soil survey reports in country extension office – in BEEK,
Burrough and McCormack (Eds,): Quantified land evaluation procedures, ITC
Publ. No. 6, Enschede, Niederlande

Rothkegel, W. (1952):
Landwirtschaftliche Schätzungslehre, Eugen Ulmer Stuttgart

Rüthnick, M. (1998):
Bodenart – Bodeneigenschaften, Geografisches Institut, Universität Göttingen

Rydberg, T. (1995):
Schwedische Landwirtschaftsuniversität, in: Väderstad-Werken AB.

Scheffer, F.; Schachtschabel, P. (2002):
Lehrbuch der Bodenkunde, Spektrum Akademischer Verlag Berlin/Heidelberg

Schönberger, H. (2003):
Beratungsrundschreiben, Nr. 2

Schönwiese, C. D. (2000):
Praktische Statistik für Meteorologen und Geowissenschaftler. 3. Auflage, Bortraeger, Stuttgart

Schüle, T.; Walther, S.; Dingeldey, N.; Köller, K. (2006):
Erosionsschutz durch ortsspezifische Bodenbearbeitung, Landtechnik 61 (4), S. 194-195

Schulz-Klinken, K.-R. (1978):
Zur Geschichte der Bodenbearbeitung, Berichte über die Landwirtschaft 56, S. 277-288

Schutte, B.; Kutzbach, H. D. (2003):
Positionsbezogene Erfassung von Zugkraftwerten, Landtechnik 58 (6), S. 376-377

Schutte, B. (2005):
Bestimmung von Bodenunterschieden durch Zugkraftmessungen bei der Bodenbearbeitung, Dissertation, Universität Hohenheim, Max-Eyth-Gesellschaft für Agrartechnik e.V., Darmstadt (MEG 429)

Schwark, A. (2005):
Bewirtschaftung und Status von Ackerböden in Schleswig-Holstein, Dissertation, Christian-Albrechts-Universität zu Kiel, Max-Eyth-Gesellschaft für Agrartechnik e.V., Darmstadt (MEG 433)

Schwark, A.; Reckleben, Y. (2006):
Das EM38 – System als Bodensensor für die Praxis, RKL-Schrift, 01/2006

Schwarz, M.; Chappuis, v. A. (2007):
DLG-Bewertungsraster für die Arbeitsqualität von Strohhäckslern, 62 Landtechnik 1/2007, S. 26 - 28

Seehusen, T. (2004):
Systemvergleich verschiedener Bodenbearbeitungsgeräte zur konservierenden Bodenbearbeitung, Master-Thesis, Christian-Albrechts-Universität zu Kiel

Sommer, C.; Voßhenrich, H.-H. (2000):
Bodenbearbeitung, in: Managementsystem für den ortsspezifischen Pflanzenbau, KTBL-Sonderveröffentlichung 032, S. 129-134

Sommer, C.; Brunotte, J. (2003):
Lösungsansätze zum Problem Bodenschadverdichtung in der Pflanzenproduktion, Landnutzung und Landentwicklung 44, S. 220-228

Sommer, C.; Voßhenrich, H.-H. (2004):
Managementsystem für den ortsspezifischen Pflanzenbau, Verbundprojekt pre agro, Abschlussbericht, Kap. 4: 121-150. KTBL (Hrsg.), CD-ROM 43013

SST (2002):
SSToolbox for Agriculture- Version 3.4, Site-Specific Technology Development Group Inc. (Hrsg.), Stillwater, Oklahoma, USA

Struzina, A. (1991):
Der Einfluss von Mulch auf bodenphysikalische Wachstumsfaktoren, Dissertation, Universität Bonn, Max-Eyth-Gesellschaft für Agrartechnik e.V., Darmstadt

Sudduth, K. A.; Drummond, S. T.; Kitchen, N. R. (2001):
Accuracy issues electromagnetic sensing of soil electrical conductivity for precision agriculture, Computers and Electronics in Agriculture 31, p. 239–264

Tebrügge, F. (2000):
Visionen für die Direktsaat und ihr Beitrag zum Boden-, Wasser- und Klimaschutz, Landwirtschaftliche Beratungsstelle Lindau (CH)

Tebrügge, F. (1986):
Einfluss von Bodenbearbeitungsverfahren auf das Bodengefüge, KTBL-Schrift 308, S. 137-152

Thiessen, E. (2002):
Optische Sensortechnik für den teilflächenspezifischen Einsatz von Agrarchemikalien, Dissertation, Christian-Albrechts-Universität zu Kiel, Max-Eyth-Gesellschaft für Agrartechnik e.V., Darmstadt (MEG 399)

Traphan, K. (2005):
Einfluss der sensorgesteuerten Düngung auf Ertrag und Proteingehalt von Braugerste, Master-Thesis, Christian-Albrechts-Universität Kiel

Treue, P. (2002):
Potenziale und Grenzen teilflächenspezifischer N-Düngung in Schleswig-Holstein/Precision Agriculture, Dissertation, Christian-Albrechts-Universität zu Kiel

Voßhenrich, H.-H. (1990):
Bodenbearbeitung mit und ohne Pflug, Landtechnik 45 (7+8), S. 263-264

Voßhenrich, H.-H. (1995):
Vergleich zwischen Pflug-Kreiselegge-Drillsaat und Frässohlensaat, Habilitation, Christian-Albrechts-Universität zu Kiel, Max-Eyth-Gesellschaft für Agrartechnik e.V., Darmstadt (MEG 280)

Voßhenrich, H.-H. (1998):
Die Wirkung von Stroh auf den Feldaufgang bei konservierender Bodenbearbeitung ohne Lockerung und bei Direktsaat, Vortrag

Voßhenrich, H. H.; Sommer, C.; Gattermann, B.; Taeger-Farny, W. (2000):
Ortsspezifische Bodenbearbeitung, Landtechnik 4, S. 319

Voßhenrich, H.-H.; Brunotte, J.; Ortmeier, B. (2003):
Methoden zur Bewertung der Strohverteilung und Einarbeitung, Landtechnik 58 (2), S. 92-93

Voßhenrich, H.-H.; Brunotte, J. (2004):
Stoppelbearbeitung auf der Basis eines guten Strohmanagements, Bauernblatt Schleswig-Holstein und Hamburg 30

Voßhenrich, H. H. (2005):
Versuche zur konservierenden Bodenbearbeitung mit Mulchsaat, Vortrag GKB-Feldtag am 08.04.2005

Voßhenrich, H.-H.; Sommer, C. (2005):
Lockerungsverzicht und ortsspezifische Bodenbearbeitung, Getreide Magazin 10 (4), S. 226-229

Voßhenrich, H.-H.; Reckleben, Y. (2006):
Einfluss der Stoppellänge, Bauernblatt Schleswig-Holstein und Hamburg, S. 20-24

Webster, R.; Oliver, M. A. (2001):
Geostatistics for Environmental Scientists, John Wiley & Sons Ltd. Chichester, England

Weißbach, M. (2004):
Landtechnische Untersuchungen zur Wirkung bodenschonender Fahrwerke an Schleppern und Arbeitsmaschinen mit verschiedenen Radlasten, Habilitation, Christian-Albrechts-Universität zu Kiel, Max-Eyth-Gesellschaft für Agrartechnik e.V., Darmstadt

Weißbach, M.; Isensee, E. (2005):
Leistungsbedarf und Effekte von Stoppelbearbeitungsgeräten, RKL-Schrift, 01/2005

Werner, J. (1993):
Participatory development of agricultural innovations – procedures and methods of on-farm research, Roßdorf TZ- Verlags- Gesellschaft, (Schriftenreihe der GTZ 234)

Wieneke, F. (1991):
Strohzerkleinerung. Einrichtungen am Mähdrescher mit fasernd, spleißigender Wirkung, Landtechnik 46 (6), S. 262-264

Wiermann, C.; Horn, R. (1996):
Auswirkungen reduzierter Bodenbearbeitung das Bodengefüge, Getreide-Magazin, 2. Jg. (3), S. 11-13

Wiermann, C.; Horn, R. (1997):
Was können reduzierte Bodenbearbeitungsysteme leisten? Journal of Agronomy and Crop Science 9, S. 28-31

Wiesehoff, M. (2005):
Teilflächenspezifische Aussaat von Winterweizen, Dissertation, Universität Hohenheim, Max-Eyth-Gesellschaft für Agrartechnik e.V., Darmstadt (MEG 430)

Wilde, T. A. (2006):
Beleuchtung der Verfahrenskette Ernte-Aussaat anhand ackerbaulicher und ökonomischer Parameter, Vortrag Thementreff Fehmarn

Wilde, T. A. (2000):
Regeneration von Ackerböden nach starker landtechnischer Belastung, Dissertation, Christian-Albrechts-Universität zu Kiel, Max-Eyth-Gesellschaft für Agrartechnik e.V., Darmstadt (MEG 349)

Willert, S-M. (1998):
Auswirkungen der Strohplazierung auf das Keimverhalten von Getreide und Raps, Dissertation, Christian-Albrechts-Universität zu Kiel, Max-Eyth-Gesellschaft für Agrartechnik e.V., Darmstadt (MEG 399)

Wörz, M. (2006):
Schneckenbekämpfung nach Raps zu Getreide, Getreide-Magazin 03/2006

Wolf, G. (1996):
Untersuchungen zur pfluglosen Bestellung durch Frässohlensaat, Dissertation, Christian-Albrechts-Universität zu Kiel, Max-Eyth-Gesellschaft für Agrartechnik e.V., Darmstadt (MEG 282)

Wulf, K.-O. (2005):
Arbeitsqualität verschiedener Bodenbearbeitungsgeräte in Bezug auf die Stroheinmischung - bei unterschiedlichen Stoppellängen, Diplomarbeit, FH Kiel

Zimmermann, A. (2005):
Wirtschaftlichkeit der teilflächenspezifisch gesteuerten Grundbodenbearbeitung, Master-Thesis, Christian-Albrechts-Universität zu Kiel

Kurzfassung

Die Kernfrage dieser Arbeit lautet: Ist es möglich auf einem Hochertragsstandort auf den Pflugeinsatz konsequent zu verzichten und in wieweit kann die Intensität der Bodenbearbeitung und Bestellung reduziert werden?
Hierzu werden auf zwei Hochertragsstandorten in Schleswig-Holstein aufeinander abgestimmte Feldversuche unter ausschließlicher Verwendung von Praxistechnik angelegt. Auf dem heterogenen Versuchsstandort Oppendorf bei Kiel ist der Vergleich zwischen Pflug und konservierender Bodenbearbeitung mit Lockerung vorgesehen. Auf dem Standort Fehmarn, der homogene Bodenverhältnisse, aber Stroherträge bis 120 dt/ha aufweist, wird in Parzellenversuchen eine Intensitätssteigerung konservierender Bodenbearbeitung mit dem Spektrum von Direktsaat bis dreimaliger Bearbeitung mit dem Grubber durchgeführt. Damit sollen die heute geltenden technischen Grenzen der Bodenbearbeitung und Bestellung bei hohen Strohmassen beschrieben werden.

Die konservierende Bodenbearbeitung hat im Vergleich zur konventionellen Bodenbearbeitung mit dem Pflug im Durchschnitt der vier Versuchsjahre 4 dt/ha höhere Erträge am Standort Oppendorf erzielt. Der Pflugverzicht ist nach den eigenen Untersuchungen auch auf einem Hochertragsstandort wie Oppendorf möglich. Die Daten des Standortes Petershof zeigen deutlich, dass eine Zunahme der Bearbeitungsintensität nicht immer mit einer Ertragssteigerung einher geht und sich daher der Mehraufwand für die Bearbeitung und Bestellung nicht lohnt. Für die Intensität der konservierenden Bodenbearbeitung kann auf dem Standort Petershof festgehalten werden, dass eine zweimalige Bearbeitung mit 6 cm flacher Stoppelbearbeitung und 12 cm tiefer Grundbodenbearbeitung ausreicht, um das hohe Ertragsniveau in jedem Jahr sicherzustellen.

Für die Zukunft ergibt sich aus den Ergebnissen der Arbeit weiterer Forschungsbedarf in Bezug auf die angepasste Intensität der Bodenbearbeitung. Eine Anpassung in der Bearbeitungstiefe, abhängig von Textur und Ertragspotential, bedeutet eine zusätzliche Kraftstoffeinsparung (24 %) bei gleichzeitiger Steigerung der Flächenleistung (18 %).